高职高专物联网应用技术专业系列教材

Arduino 应用技术

主 编 黄 凌

副主编 张 艳

西安电子科技大学出版社

内 容 简 介

Arduino 是一个优秀的开源硬件平台，目前在全球有数以十万计的电子爱好者使用 Arduino 开发项目和电子产品。Arduino 具有廉价易学、开发便捷等特点，它不仅是一个优秀的开源硬件开发平台，更成为了硬件开发的趋势。

本书介绍了 Arduino 应用的基础知识和基本技术。全书分为 3 篇，共 7 章。第一篇为 Arduino 基础，包括第一章和第二章，即认识 Arduino 和 Arduino 语言，主要介绍 Arduino 的基本知识；第二篇为 Arduino 演练，包括第三章，即 Arduino 基本示例，主要介绍 Arduino 的基本应用以及驱动各类传感器等；第三篇为 Arduino 在物联网中的应用，包括第四至六章，即 Arduino 通信、物联网服务平台和 Arduino 项目实战，主要介绍 Arduino 在物联网领域中的应用。本书的具体内容包括 Arduino 单片机的硬件结构、产品系列、Arduino 语言、软件编程以及驱动显示电路、电机、几类传感器、Arduino 网络通信、物联网平台和物联网协议等。

本书可以作为高职高专物联网相关专业和电子相关专业的教材，同时也可作为电子技术和物联网技术爱好者及相关技术人员的参考书。

图书在版编目(CIP)数据

Arduino 应用技术 / 黄凌主编. —西安：西安电子科技大学出版社，2021.9(2025.1 重印)
ISBN 978-7-5606-6104-9

Ⅰ. ①A…　Ⅱ. ①黄…　Ⅲ. ① 微控制器—程序设计　Ⅳ. ① TP368.1

中国版本图书馆 CIP 数据核字(2021)第 134995 号

策　　划　高　樱
责任编辑　高　樱
出版发行　西安电子科技大学出版社(西安市太白南路 2 号)
电　　话　(029)88202421　88201467　　邮　　编　710071
网　　址　www.xduph.com　　电子邮箱　xdupfxb001@163.com
经　　销　新华书店
印刷单位　广东虎彩云印刷有限公司
版　　次　2021 年 9 月第 1 版　2025 年 1 月第 4 次印刷
开　　本　787 毫米×1092 毫米　1/16　印张 12.5
字　　数　291 千字
定　　价　36.00 元
ISBN　978-7-5606-6104-9

XDUP 6406001-4

前　言

开源硬件指与自由及开放原始码软件相同方式设计的计算机和电子硬件。开源硬件开启了软件以外领域的开源，是开源文化的一部分。Arduino 的诞生可谓开源硬件发展史上一个新的里程碑。最初“开源”的概念来自软件领域，即所谓的“开源软件”。

开源软件就是把软件程序与源代码文件一起打包提供给用户，用户既可以不受限制地使用该软件的全部功能，也可以根据自己的需求修改源代码，甚至编制成衍生产品再次发布出去。用户具有使用自由、修改自由、重新发布和创建衍生品自由，这正好符合了计算机从业者对自由的追求，因此开源软件在国内外都有着很高的人气，大家聚集在开源社区，共同推动开源软件的进步。常用的开源软件有 Linux、Apahe、MySQL 等。安卓也是开源软件之一。开源硬件和开源软件类似，开源硬件延伸着开源软件的定义，包括软件、电路原理图、材料清单、设计图等都使用开源许可协议，自由使用分享，完全以开源的方式去授权。

Arduino 是一款便捷灵活、方便上手的开源电子原型平台，包含开源硬件(各种型号的 Arduino 板)和开源软件(Arduino IDE)。Arduino 最初是为嵌入式开发的学习而生，但发展到今天，它的应用已经远远超出了嵌入式开发的技术领域。有些人将 Arduino 称为“科技艺术”，很多电子科技领域以外的爱好者凭借丰富的想象力和创造力，利用 Arduino 设计开发出了有趣的作品。物联网作为一个新经济增长点、一种战略新兴产业，其专业教学学科方向涉及传感器、网络通信、电子技术、控制以及云计算、大数据等多个交叉学科知识领域，利用 Arduino 可以帮助学生学习和理解相关知识。本书针对应用型高职院校开展物联网技术实践教学，系统讲述了 Arduino 对各类传感器的控制，以及在物联网领域中的应用，适合物联网专业的学生，增强学生学以致用的实践能力与创新能力。

本书共6章，主要内容如下：

第一章简单介绍Arduino的历史、硬件资源、IDE安装的方法、产品与种类以及扩展板和第三方软件。

第二章介绍Arduino语言基础知识、常用函数的使用以及一些简单案例的制作。

第三章讲解Arduino如何驱动液晶显示器、电机、传感器、数码管以及矩阵键盘等设备。

第四章讲解Arduino在物联网领域中的使用，如何与SPI、IIC等设备通信，以及作为客户端与服务器如何连入网络。

第五章介绍国内外常用的物联网平台、NodeMCU在物联网中的使用以及MQTT协议。

第六章介绍实际的案例。

本书第一、二章由张艳编写，第三～七章由黄凌编写，全书由黄凌统稿。参与本书编写的还有顾振飞、周波、季顺宁、聂佰玲、袁迎春，编者家人在本书编写过程中也提供了大力支持，在此一并表示感谢！

由于编者水平有限，书中难免存在不足之处，敬请读者批评指正。

编　者

2021年4月

目　录

第一篇　Arduino 基础

第二篇　Arduino 演练

第三篇　Arduino 在物联网中的应用

第一篇　Arduino 基础

第一章 认 识 Arduino

Arduino 的开源、廉价、简单、跨平台等特点使其得到了快速的发展，并成为学习微控制器的首选，也成为物联网(IoT)开发的重要手段之一。通过 Arduino 我们可以用各种传感器感知世界，也可以控制各种执行器，实现物理世界和信息世界的无缝连接。

本章学习目标

- Arduino 是什么；
- Arduino 的硬件结构；
- 其他类型的 Arduino 板和 Arduino 扩展板；
- Arduino IDE；
- Arduino 的第三方软件。

1.1 Arduino 概述

Arduino 是一个用于构建电子项目的开源平台，它由一个电路板和一个在计算机上运行的软件 IDE(集成开发环境)组成。与大多数可编程电路板不同，Arduino 不需要单独的硬件(称为编程器)来将代码加载到电路板上，只需使用 USB 电缆上传程序即可。此外，Arduino IDE 使用简化版的 C++，更易于学习编程。

Arduino 的小巧外形使其可以应用于各种日常物品上，如 Arduino LilyPad 系列用于可穿戴设备。Arduino 开源项目降低了开发人员的进入门槛。在开发产品之前，开发者能够使用 Arduino 平台对交互式设备进行原型设计和实验。Arduino 是实验智能设备可行性的很好的选择。

物联网理念如今已经深入人心，并随着传感器技术、通信技术和互联网技术的发展逐渐触及社会的每一个角落。Arduino 在物联网的发展中也起到了重大的推动作用。

1. Arduino 简介

Arduino 能够读取来自不同传感器的模拟或数字输入信号并将其转换为输出，如驱动电机、打开/关闭 LED、连接到云以及进行许多其他操作。用户可以通过 Arduino IDE 向电路板上的微控制器发送一组指令来实现相应的功能。

2. Arduino 的特色

1) 跨平台

Arduino IDE 可以在 Windows、MAC OS X、Linux 三大主流操作系统上运行，而其他大多数控制器只能在 Windows 上开发。

2) 简单明了的编程环境

Arduino 的编程环境易于初学者使用，同时对高级用户来讲也足够灵活。Arduino 以 Processing 编程环境为基础，因此学过 Processing 者对 Arduino 软件（IDE）的外观和感觉会非常熟悉。

3) 开源和可扩展硬件

Arduino 以 Atmel 公司的 ATMega 8 位系列单片机及其 SAM3X8E 和 SAMD21 32 位单片机为硬件基础。开发板和模块在遵循“知识共享许可协议”的前提下发布，所以经验丰富的电路设计人员可以做出属于自己的模块，并进行相应的扩展和改进。即使是经验相对缺乏的用户也可以做出试验版的基本 Uno 开发板，便于了解其运行的原理并节约成本。

4) 开源软件

Arduino 软件作为开源工具发布，允许有经验的程序员在其基础上进行扩展开发。Arduino 所使用的编程语言可以通过 C++库进行扩展，想了解技术细节的用户可以从 Arduino 跨越到 AVR C 语言。同样，也可以根据需要直接将 AVR C 代码添加到 Arduino 程序中。

5) 发展迅速

因为 Arduino 的种种优势，越来越多的专业硬件开发者开始使用 Arduino 来开发他们的项目、产品，越来越多的软件开发者使用 Arduino 进入硬件、物联网等开发领域。很多大学的自动化、软件甚至艺术专业也纷纷开展了 Arduino 相关课程。

6) 廉价

相比其他微控制器平台，Arduino 板占有很大优势。Arduino 模块最便宜的版本可以自己动手装配，使用便宜的微处理控制器(ATMega328)，只需要几十元钱就能买到一块开发板，这对于入门尝试的开发者来说是可以接受的。

3. Arduino 在物联网开发中的应用

如图 1-1 所示，在全自建物联网系统中，可以通过连接到 Arduino 开发板上的传感器来收集温度和湿度信息，然后上传到 Web 应用，将数据保存到数据库中。基于收集到的温度和湿度信息，可以生成智能分析建议，比如穿衣指数、防晒指数等。Arduino 不只可以连接传感器，还可以连接执行器、控制器等。

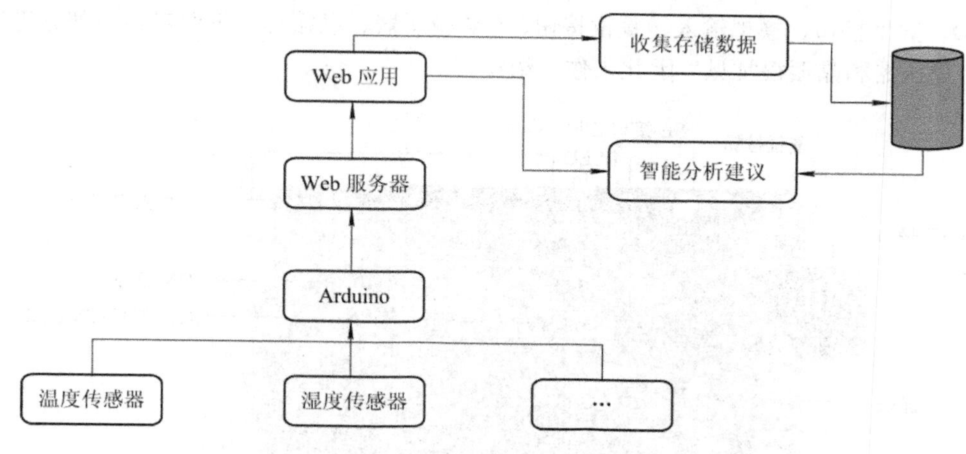

图 1-1　全自建物联网系统

4. Arduino 的应用领域

Arduino 诞生之初是为嵌入式开发的学习而生，但是发展到今天，Arduino 已经远远超出了嵌入式开发的领域。Arduino 的诞生是为了能有一个可以实现快速原型的电子和软件平台，世界上已经有了大量应用，其中不乏一些有创意的作品。Arduino 可以应用于工业实时控制、仪器仪表、通信设备、家用电器等各个领域，如空调控制板、打印机控制器、智能电表、LED 显示屏、医疗设备、GPS 和机器人。很多电子科技领域以外的爱好者凭借丰富的想象力和创造力也开发设计出很多有趣的作品。Arduino 完全可以作为一种新“玩具”甚至新的艺术载体来吸引更多领域的人们加入 Arduino 的神奇世界。

1) 机器人

对机器人来说，Arduino 是一个非常好用的控制系统，它不但提供了非常直接和丰富的硬件接口，更重要的是有一套非常浅显易懂且内容丰富的软件库。在 Arduino 上，许多现成的硬件设备都有直接的代码样例，只需要复制和粘贴就可以使用，如各种类型的超声波和加速度传感器、陀螺仪和编码器等，大大节省了机器人爱好者的开发速度。

2) 智能家居

Arduino 提倡电子积木式开发，可以非常方便灵活地制作各种传感器外设的原型，解决了各种传感器接入终端的标准不一致的问题。随着 Android 在手机、平板电脑、机顶盒、家电等智能终端中的广泛应用，以及智能终端在智能家庭和互联网领域的应用，Arudino 必然会在这些领域的开发中拥有举足轻重的地位。

1.2　Arduino 板上的硬件

这里以 Arduino 中典型的 UNO 板为例介绍其硬件结构。Arduino Uno 的硬件结构如图 1-2 所示，包括单片机、12 V 电源接口、电源接口、USB 接口和 USB 接口芯片、Arduino

的 LED、数字接口、模拟输入、复位按钮、5 V 稳压器、晶振等。下面对各个部分进行介绍(5 V 稳压器和晶振很常见，因此未作介绍)。

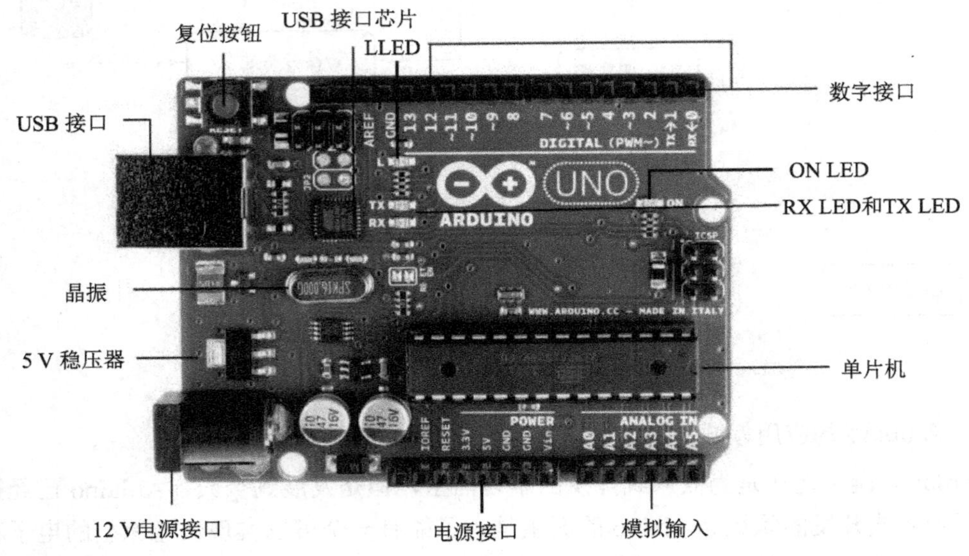

图 1-2　Arduino Uno 的硬件结构

1. 单片机

单片机可以被认为是 Arduino 的大脑。Arduino 各个系列的单片机略有不同，但通常使用的都是来自 Atmel 公司的 ATMega 系列。用户需要清楚使用的是哪种单片机，因为从 Arduino 软件加载新程序之前，需要了解单片机的类型(以及 Arduino 板类型)，详细的数据需要阅读芯片手册。

2. 12 V 电源接口

每块 Arduino 板都需要供电。Arduino 板可以使用来自计算机的 USB 电源或用电源接口的方式供电，如果要驱动一些大的执行元件，则需要直接从电源接口供电。注意：不要使用大于 20 V 的电源，因为会烧坏 Arduino 板。大多数 Arduino 板推荐的输入电压为 7～12V。

3. 电源接口

(1) Vin：Vin 连接到 12 V 电源接口的电源输入，因此它的电压范围为 7～12V 直流电压，具体取决于插入 12 V 电源接口的电压。如果 12 V 电源接口未供电，则 Arduino 板将通过 USB 连接提供 5V 电源。

(2) 5V：是由 12 V 电源接口(如果 12 V 电源接口插入)或 USB 连接(如果 12 V 电源接口未插入)提供的 Arduino 的 5V 电源，可以提供约 500 mA 的电流值。

(3) 3.3V：是一个 3.3V 电源，用于某些传感器上，可以提供约 100 mA 的电流值。

(4) GND：一般有两个，它们是板上的公共接地端。

(5) IOREF：用于扩展板以知道 I/O 电压是多少，该管脚可以忽略。

(6) 未命名的管脚：保留供将来使用，一定不要连接！

4. USB 接口和 USB 接口芯片

(1) USB 接口：可以通过这个接口将 Arduino 连接到计算机，这就意味着可以使用任何带有 USB 端口的电脑进行连接。

(2) USB 接口芯片：用 USB 线将 Arduino 与电脑连接。但是主处理器芯片(ATMega328)不使用 USB 接口，它使用的是串口，将串口连接到 USB 端口需要一个 USB 到串口转换芯片。

目前已经有许多不同的 USB 到串口转换芯片，常见的是 FTDI FT232、FTDI FT231X、CP2102 或 CP2104、PL2303、CH430 等，它们几乎完全相同，但有些需要不同的驱动程序。

5. Arduino 的 LED

Arduino 有四个 LED：ON LED、RX LED、TX LED 和 L LED。

(1) ON LED：只要 Arduino 通电，该 LED 就会发光。如果 Arduino 不能正常工作，则该灯会闪烁或熄灭，此时需要检查供电电源。

(2) RX LED 和 TX LED：这两个是发送和接收的 LED。无论何时通过 USB 口从 Arduino 发送或接收信息，它们都会闪烁。当数据从 Arduino 发送到计算机 USB 端口时，TX LED 指示灯呈现黄色，而数据从计算机 USB 端口发送到 Arduino 时，RX LED 就会亮起黄色。

(3) L LED：这是可以控制的一个 LED。L LED 连接到 Arduino 主芯片，连接的是数字管脚 13，可以通过编写代码将其点亮或熄灭。

6. 数字接口

Arduino 的数字接口为管脚 2～13，可将它们定义成输入或输出，除了管脚 13 上接了一个 1 kΩ 的电阻之外，其他各个管脚都直接连接到 ATMega328 上。标记为 0(RX)和 1(TX)的两个管脚用于将数据发送到 Arduino 或从 Arduino 发送数据到电脑上，这两个管脚一般不使用。

PWM 管脚：数字接口中，在 Arduino 的某些管脚附近有一个“～”符号，分别为管脚 3、5、6、9、10、11。实际上这些管脚是普通的数字管脚，但它们可以用于 PWM 输出。

7. 模拟输入

6 个模拟输入管脚也可以用作数字输入/输出管脚，它们是最通用的管脚，这些管脚可以读取来自模拟传感器(如温度传感器)的信号并将其转换为可读取的数字值。每个模拟管脚都可以读取 0～5 V 的电压。但要注意不要将高于 5V 的电压连接到模拟输入管脚，否则可能会损坏它们。

8. 复位按钮

按下复位按钮，将重新启动加载到 Arduino 上的任何程序。

9. 其他管脚说明

GND：Arduino 上有几个 GND 管脚，任何一个都可以用来接地。

AREF：代表模拟参考电压。它有时用于设置外部参考电压(0～5 V)作为模拟输入管脚的上限。

1.3 其他类型的 Arduino 板

1. Arduino Leonardo

Arduino Leonardo 以功能强大的 ATMega32U4 为基础。此款板卡提供 20 路数字输入/输出管脚、一个 16 MHz 晶体振荡器、一个微型 USB 接口、一个电源插座、一个 ICSP 接头和一个复位按钮等。Arduino Leonardo 包含支持微控制器的所有部件，只需通过 USB 线将其连接到电脑上或使用 AC-DC 适配器，也可通过电池为其供电，即可启动 Arduino Leonardo。Arduino Leonardo 是 2012 年推出的新型 Arduino 控制器，使用集成 USB 功能的 AVR 单片机作为主控芯片，不仅具备其他型号 Arduino 控制器的所有功能，并且可以轻松模拟出鼠标、键盘等 USB 设备，如图 1-3 所示。

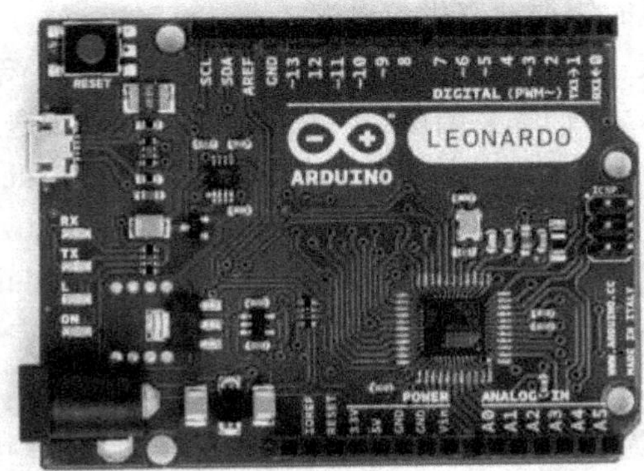

图 1-3　Arduino Leonardo

2. Arduino Mega2560

Arduino Mega2560 采用 ATMega2560 作为核心处理器。Arduino Mega2560 配有 54 路数字输入/输出管脚、4 个 UART(硬件串行端口)、一个 16 MHz 晶体振荡器、一个 USB 接口、一个电源插座、一个 ICSP 接头和一个复位按钮等。用户只需使用 USB 线将 Mega2560 连接到电脑，并使用 AC-DC 适配器或电池提供电能，即可启动 Mega2560。Mega2560 具有 4 路串口信号、6 路外部中断以及 SPI 通信接口，如图 1-4 所示。

图 1-4　Arduino Mega2560

3. Arduino LilyPad

LilyPad 是专为电子纺织品和可穿戴项目而设计的，它可以缝到纺织品中。LilyPad 只有 9 个输入/输出管脚。此外，它还有一个 JST 连接器和内置的锂电池充电电路，该板子是基于 ATMega328 的，如图 1-5 所示。

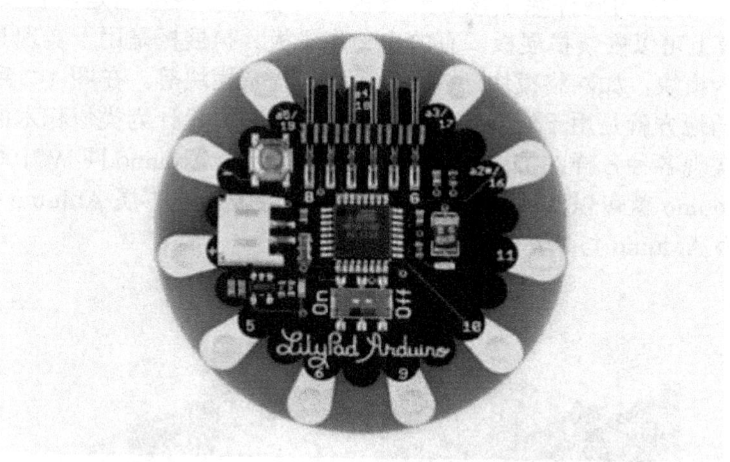

图 1-5 Arduino LilyPad

4. Arduino Yun

在连接传感器设备时，Arduino Yun 是一个比较理想的电路板。它结合了 Linux 的功能和 Arduino 的易用性，也可以用来开发物联网项目。Arduino Yun 是一个基于 ATMega32u4 和 Atheros Ar9331 的微控制器板。Atheros 处理器支持基于 OpenWrT，命名为 Linino OS 的 Linux 系统。该板具有内置的以太网和 WiFi，配备一个 USB 端口、微型 SD 卡插槽、20 路数字输入/输出管脚、一个 16 MHz 的晶体振荡器、一个微型 USB 连接、一个 ICSP 接头和 3 个复位按钮等。Arduino Yun 与其他 Arduino 板的区别在于它能够与 Linux 进行通信，提供了一个强大的网络计算机功能，如图 1-6 所示。

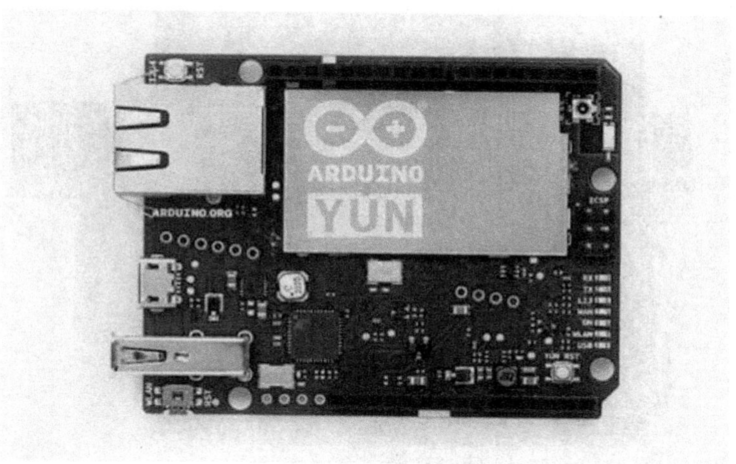

图 1-6 Arduino Yun

1.4　Arduino 扩展板

与 Arduino 相关的硬件除了核心开发板外，各种扩展板也是其重要的组成部分。Arduino 开发板上可以安装扩展板，有的也称作盾板。扩展板是用于实现某些特定功能的电路板，又称为模块，如网络模块、GPRS 模块、语音模块等。在图 1-2 所示的开发板两侧可以插管脚的地方就是用于安装扩展板的。Arduino 被设计为类似积木的样子，通过一层层的叠加而实现各种各样的扩展功能。如图 1-7 所示为 Arduino 同 W5100 网络扩展板的连接，这样 Arduino 就可以实现上网功能。WiFi 扩展板可以扩展 Arduino 的 WiFi 接口，如图 1-8 所示为 Arduino 与 WiFi 扩展板连接的例子。

图 1-7　Arduino 与 W5100 扩展板连接

图 1-8　Arduino 与 WiFi 扩展板连接

1.5　Arduino IDE 安装

在安装 IDE(Integrated Development Environment，集成开发环境)之前，需要了解一些相关知识。

1.5.1　交叉编译

用 Arduino 制作的电子产品不能直接运行，还需要利用电脑将程序烧到单片机里面。很多嵌入式系统需要在一台计算机上编程，将写好的程序下载到开发板中进行测试和运行，因此跨平台开发在嵌入式系统软件开发中很常见。所谓交叉编译，就是在一个平台上生成另一个平台上可以执行的代码，如开发人员在电脑上将程序写好，编译生成单片机可执行的程序，就是一个交叉编译的过程。

编译器最主要的一个功能就是将程序转化为执行该程序的处理器能够识别的代码，因为单片机上不具备直接编程的环境，因此 Arduino 编程需要一台计算机。Arduino IDE 在主流的操作系统上均能运行，包括 Windows、Linux、MAC OS 三个主流操作系统平台。

1.5.2　在 Windows 上安装 IDE

IDE 是一款免费的软件，在这款软件上编程需要使用 Arduino 的语言，这是一种解释型语言，在第二章中将进行介绍。写好的程序被称为 Sketch，编译通过后就可以下载到开发板中。在 Arduino 的官方网站上可以下载这款软件及源码、教程和文档。Arduino IDE 的官方下载地址为 http://arduino.cc/en/Main/Software。打开网页后，根据提示可以选择相应的操作系统版本。截止到 2021 年 4 月 2 日，可供下载的稳定版本为 Arduino 1.8.13。

在 Windows 上安装 Arduino IDE 的步骤如下：

(1) 下载完成后，鼠标双击打开安装包，进入安装界面，如图 1-9 所示，单击“I Agree”按钮。

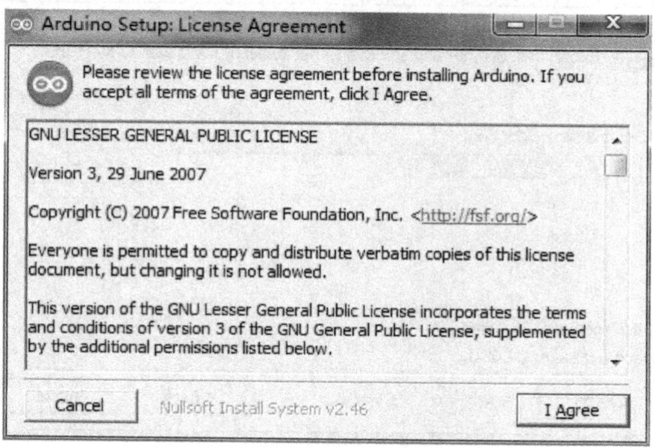

图 1-9　安装界面

(2) 在弹出的界面中将显示安装选项，如图 1-10 所示。

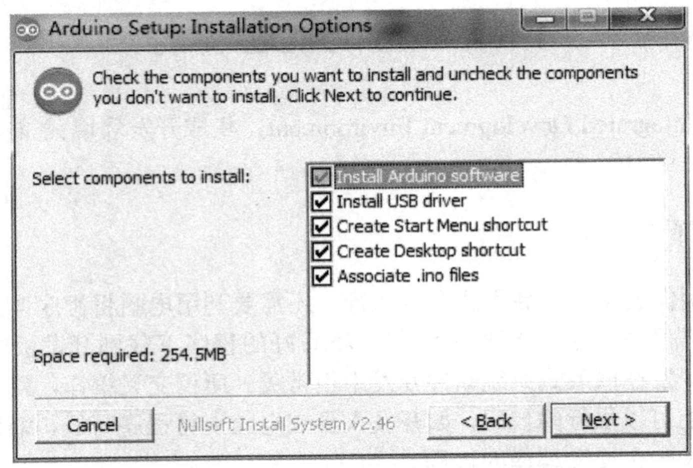

图 1-10　安装选项

图 1-10 中的安装选项从上至下依次为：

- 安装 Arduino 软件；
- 安装 USB 驱动；
- 创建开始菜单快捷方式；
- 创建桌面快捷方式；
- 关联 .ino 文件。

Arduino 通过 USB 串口与计算机相连接，所以需要选择安装 USB 驱动。写好的 Arduino 程序文件的扩展名为 .ino，因此需要关联该类型文件。选择完成后单击“Next”按钮。

(3) 根据提示选择安装目录，如图 1-11 所示。安装文件默认的目录为 C:\Program Files(x86)\Arduino，也可以自行选择其他的安装目录，然后单击“Install”按钮即可进行安装，如图 1-12 所示。

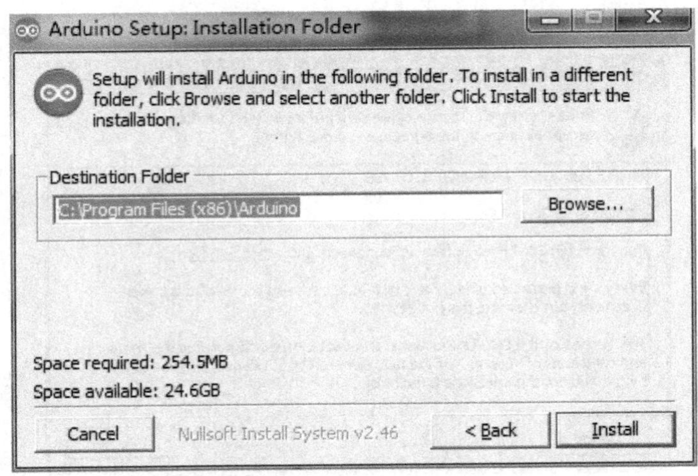

图 1-11　选择安装目录

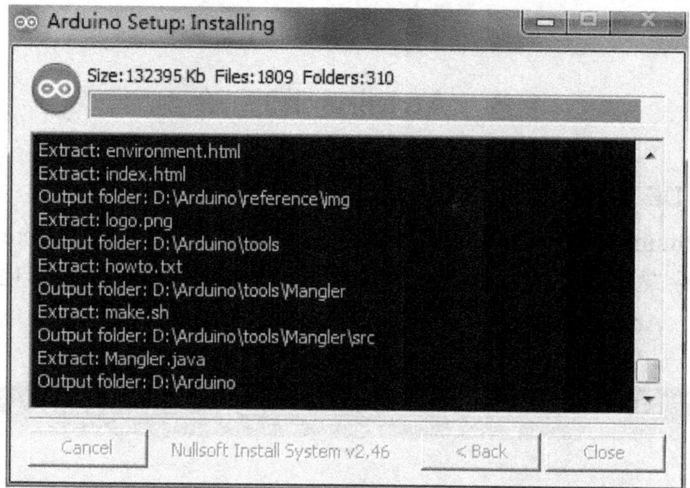

图 1-12 正在安装

(4) 安装完成后关闭安装对话框。双击 Arduino 应用程序即可进入 IDE Sketch 初始界面，如图 1-13 所示。

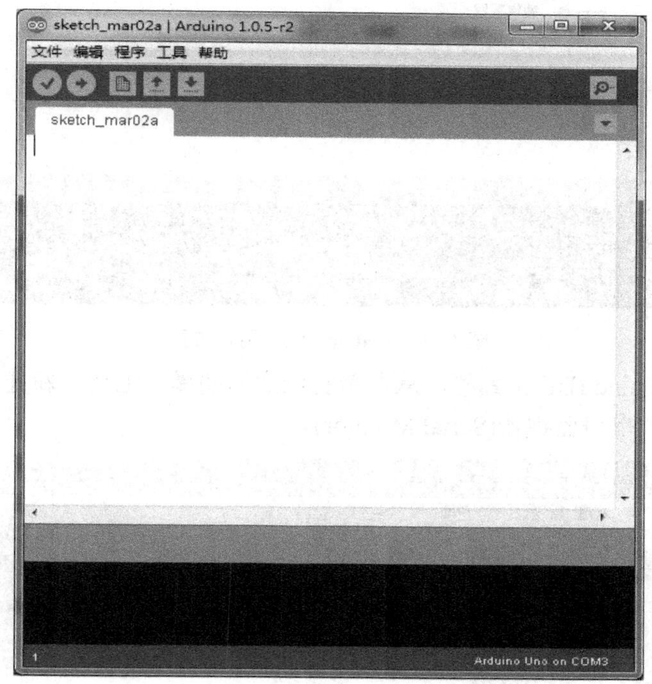

图 1-13 Arduino IDE 界面

至此，Arduino IDE 已经成功地安装到了 PC 上。再将 Arduino 板用 USB 连接到 PC 上后，Windows 会自动安装 Arduino 的驱动，如果安装不成功则需要手动安装。驱动安装成功后，Arduino 板绿色的电源指示灯会亮起来，此时说明 Arduino 板可用。关于 IDE 将在本章 1.6 小节进行介绍。关于 Linux 系统和 MAC OS 系统的安装，读者可以参考相关的资料。

1.6　Arduino IDE 介绍

1. Arduino IDE 界面介绍

在安装完 Arduino IDE 后，进入 Arduino 安装目录，打开 Arduino.exe 文件，进入初始界面。打开软件会发现这个开发环境非常简洁，主要包括菜单栏、图形化的工具栏、编辑区域和状态区域。Arduino IDE 用户界面如图 1-14 所示。

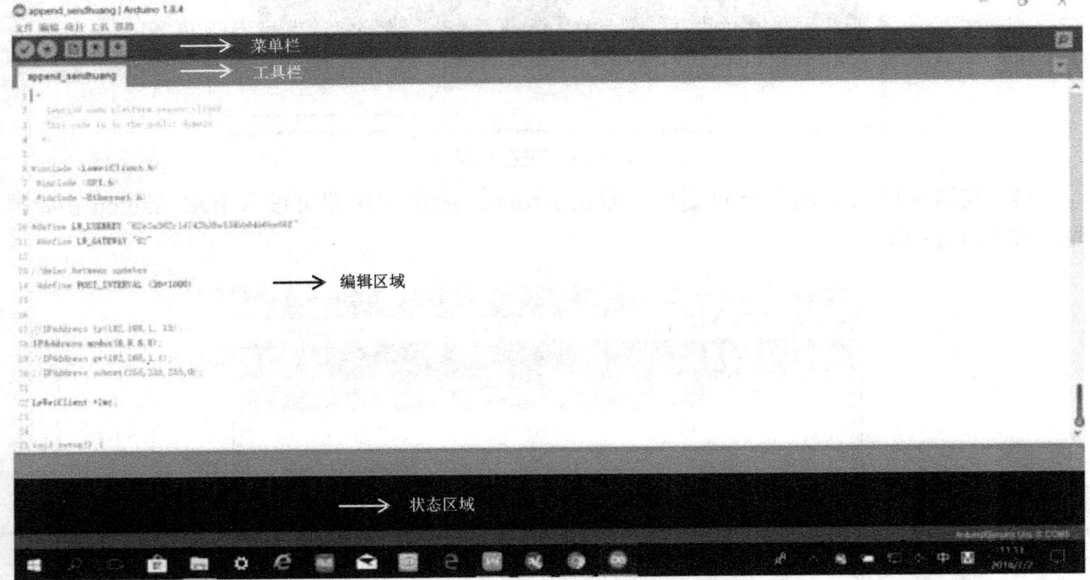

图 1-14　Arduino IDE 用户界面

图 1-15 为 Arduino IDE 工具栏，从左至右依次为编译、上传、新建程序、打开程序、保存程序(Sketch)和串口监视器(Serial Monitor)。

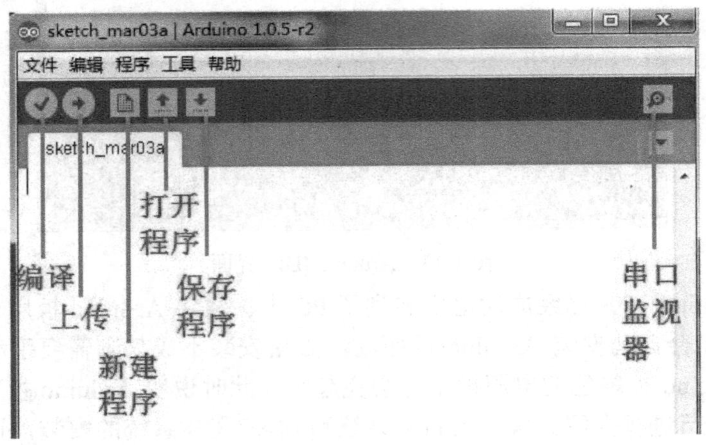

图 1-15　Arduino IDE 工具栏

程序是在文本编辑区域中编写的，并以文件扩展名.ino 保存。该编辑器具有剪切/粘贴和搜索/替换文本的功能。状态区域在保存和上传时提供反馈，并显示错误。窗口的右下角显示已配置的开发板和串行端口。工具栏按钮允许用户编译和上传程序，新建、打开和保存程序，以及打开串口监视器等。

下面分别介绍各个菜单栏的内容。

1) 文件菜单

文件菜单如图 1-16 所示。

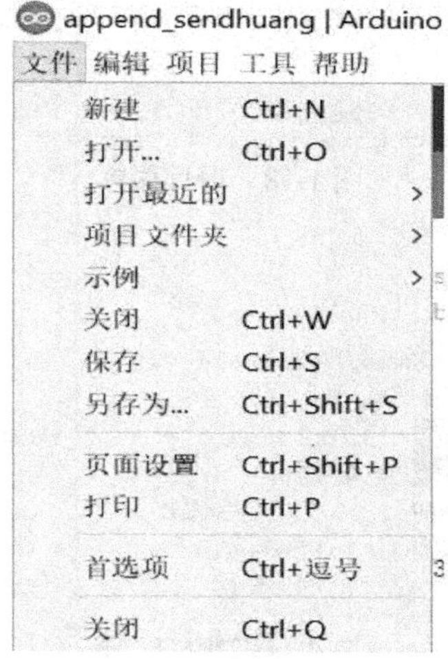

图 1-16　文件菜单

2) 编辑菜单

编辑菜单如图 1-17 所示。

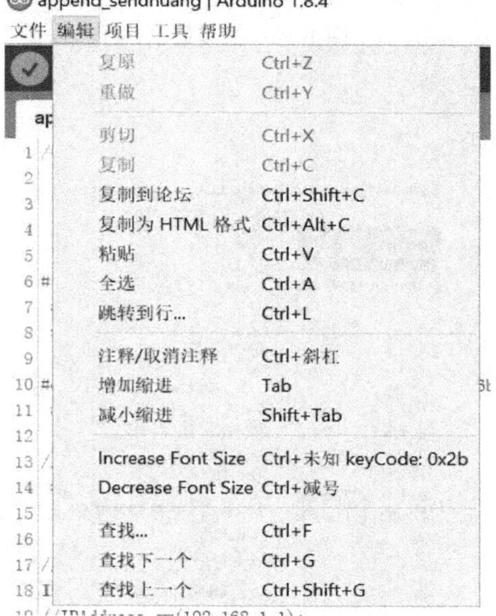

图 1-17　编辑菜单

3) 项目菜单

项目菜单如图 1-18 所示。

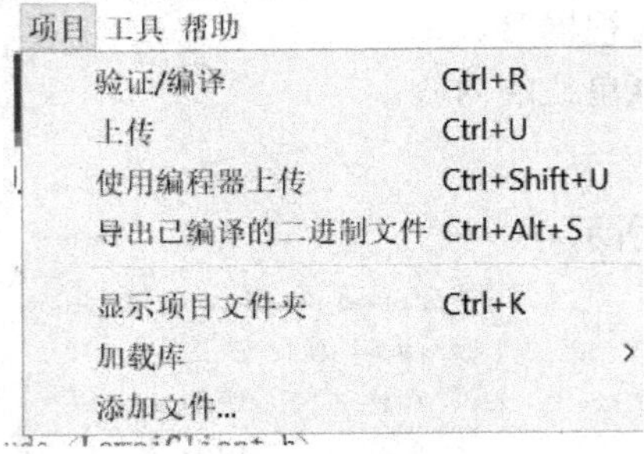

图 1-18　项目菜单

4) 工具菜单

工具菜单如图 1-19 所示。

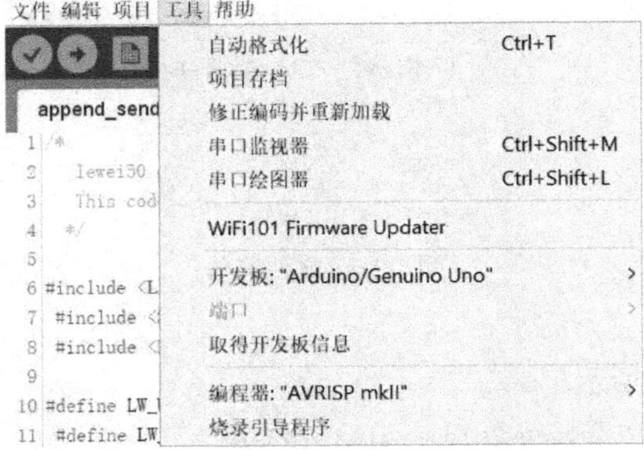

图 1-19　工具菜单

5) 帮助菜单

帮助菜单如图 1-20 所示。

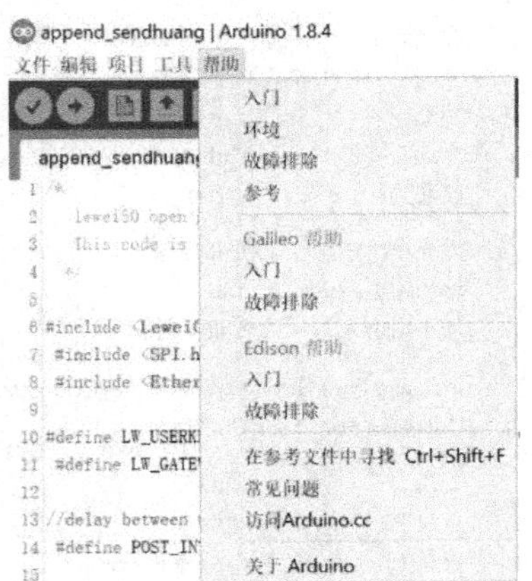

图 1-20　帮助菜单

2. 运行 Arduino IDE 时的注意事项

(1) 第一次运行 Arduino 程序时，它会自动创建一个同名的目录，用户可以使用“首选项”对话框查看或更改程序保存的位置。从版本 1.0 开始，文件以 .ino 扩展名保存，之前的版本使用 .pde 扩展名，但仍然可以在 1.0 版及更高版本中打开以 .pde 为后缀的文件，软件会自动将扩展名重命名为 .ino。

(2) 一个项目中允许管理包含多个文件(每个文件都显示在自己的选项卡中)，这些可以是普通的 Arduino 代码文件(没有可见的扩展名)、C 文件(.c 扩展名)、C++ 文件(.cpp)或头文件(.h)。

(3) 在上传程序之前，需要从“工具”菜单栏中的“开发板”选项和“端口”菜单中选择正确的项目。注意选择的开发板类型和要使用的 Arduino 板相匹配；Arduino 板和电脑连接的端口，在 Windows 上是 COM，需要在 Windows 设备管理器的 ports 部分查找端口号。选择正确的串行端口和电路板后，单击工具栏中的“上传”按钮或从“项目”菜单栏中选择“上传”选项，当前的 Arduino 板将自动重置并开始上传。在大多数电路板上，当上传程序时，RX 和 TX 的 LED 会闪烁。Arduino IDE 将在上传完成时显示消息或显示错误。

(4) 库(Library)给程序提供了一些额外的功能，例如使用某个传感器。要在程序中使用库，可从“项目”菜单栏中选择“加载库”菜单。这将在程序顶部插入一个或多个 #include 语句，如果程序不再需要库，只需从代码顶部删除 #include 语句即可。一些库包含在 Arduino 软件中，其他库也可以有其他来源或通过库管理器下载。新的库层出不穷，从 IDE 的 1.0.5 版开始，既可以从 zip 文件导入库并在打开的程序中使用它，也可以自己编写库，读者可参阅其他资料。

(5) 串口监视器将显示通过 USB 或串口从 Arduino 发送的数据。要将数据发送到电路板，则输入文本并单击“发送”按钮或按“Enter”键，从串口监视器右下角菜单中选择与程序中 Serial.begin 的速率相匹配的波特率，如图 1-21 所示。

图 1-21　串口监视器

1.7　开始编写 Arduino 程序

在下载安装好 IDE 之后，下一步就可以进行实践了，通过编写和上传程序，正式进入 Arduino 的领域。在本节中，需要做的不仅是编写和上传程序，更要考虑这些程序背后是如何实现的。

在学习一些编程语言时，比如 C 语言，经典的入门程序就是有名的“hello world”，这个简单的程序延伸了很多话题，比如主函数、输入/输出、编译过程等。程序 1-1 便是 C 语言著名的敲门砖——“hello world”程序。

程序 1-1　C 语言的“hello world”程序。

```
#include <stdio.h>
main()
{
    printf("hello world\n");
}
```

Arduino 语言也像 C 语言一样，在硬件的世界里，使用 Blink 程序代表“hello world”。下面编写第一个 Sketch，打开 Arduino IDE 后，需要新建一个空的 Sketch，之后就可以在编辑器上编写第一个 Sketch，如程序 1-2 所示。

程序 1-2　Arduino 的 Blink 程序。

```
void setup()
{
    pinMode(13, OUTPUT);            //将 13 管脚设置为输出管脚
}
void loop()
{
    digitalWrite(13, HIGH);         //13 管脚输出高电平，将小灯点亮
    delay(1000);                    //等待 1 s
    digitalWrite(13, LOW);          //13 管子脚输出低电平，将小灯熄灭
    delay(1000);                    //等待 1 s
}
```

编写完成 Blink 程序之后，便可以连接上 Arduino 开发板，将开发板的 USB 接口连接到电脑上，单击“上传”按钮，再经过短暂的几秒烧写之后，会发现开发板的串口指示灯(TX 和 RX)闪烁了数次，提示上传成功之后，开发板板载的 LED 灯便开始按照所写的程序不停闪烁。

之后再来看状态区域。状态区域显示“上传成功”和“项目使用了 928 个字节”等字样，第一个 Arduino 程序就下载并运行成功了，如图 1-22 所示。读者可以试着改变等待的间隔时间，看看板载 LED 闪烁有什么变化。

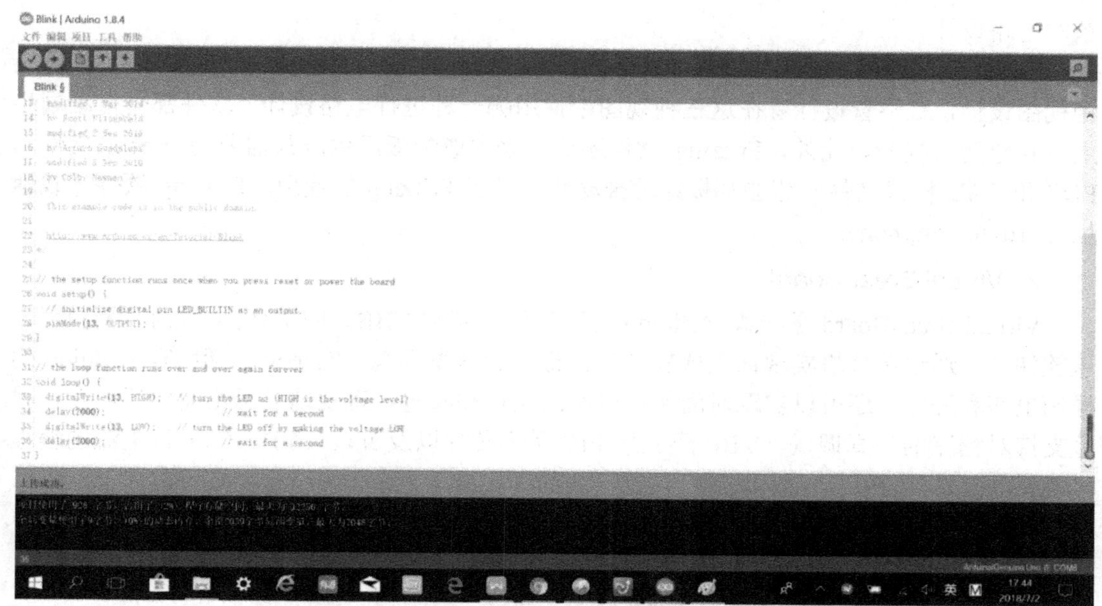

图 1-22 Blink 程序

1.8 Arduino 的第三方软件介绍

电子设计自动化(Electronic Design Automation，EDA)是 20 世纪 90 年代初从计算机辅助设计、计算机辅助制造、计算机辅助测试以及计算机辅助工程的概念上发展起来的。EDA 设计工具的出现使得电路设计的效率和可操作性都得到了大幅度的提升。本书针对 Arduino 的学习，主要介绍 Fritzing、Virtual Breadboard、Processing 和 ArduBlock 等软件。

1. Fritzing

Fritzing 是一个开放源码的电路开发软件，它操作简单，用户可以很容易地设计自己的电子产品。软件的开发者们遵从了 Processing 和 Arduino 的精神设计出 Fritzing，它既是一个软件工具，也是一个社区网站和服务，具有创造性的生态系统，可以让用户记录他们设计的 Fritzing 电路原型并与他人分享。Fritzing 软件的特点主要有以下三方面。

1) 具有零件库

Fritzing 与零件库一起安装，每增加一个版本，都会添加新的零件库。在 Fritzing 中，零件被组织成“箱子”，可以从零件库中调入，拖动到草图区域即可使用它。

2) 操作简单

对艺术专业或非电子信息背景的人来说，Frizing 是很好上手的工具，用户可以以很简单的方式拖拉元件以及连接线路。

3) 省时省力

Fritzing 简化了过去 PCB 布局工程师做的工作，全部使用“拖拖拉拉”的方式完成复杂的电路设计。

Fritzing 是支持多国语言的电路设计软件，可以同时提供面包板、原理图和 PCB 图三种视图设计，且不管设计者在这三种视图中使用哪一种进行电路设计，软件都会自动同步生成其他两种视图。此外，Fritzing 软件还能用来生成制版厂生产都需要的 greber 文件、PDF 和 CAD 格式文件，这些都极大地推动和普及了 Fritzing 的使用。Fritzing 软件下载地址为 fritzing.org/home。

2. Virtual BreadBoard

Virtual BreadBoard 是一款 Arduino 仿真软件，简称 VBB，中文名为“虚拟面包板”。该软件主要通过单片机实现嵌入式软件的模拟器和开发环境，它不但包括所有 Arduino 的样例电路和程序，还可以实现对面包板电路的设计和布置，直观地显示出面包板电路，并且支持对程序的仿真调试。VBB 还支持 PIC 系列芯片以及 Java、VB、C++ 等主流的编程环境。

VBB 软件界面如图 1-23 所示。

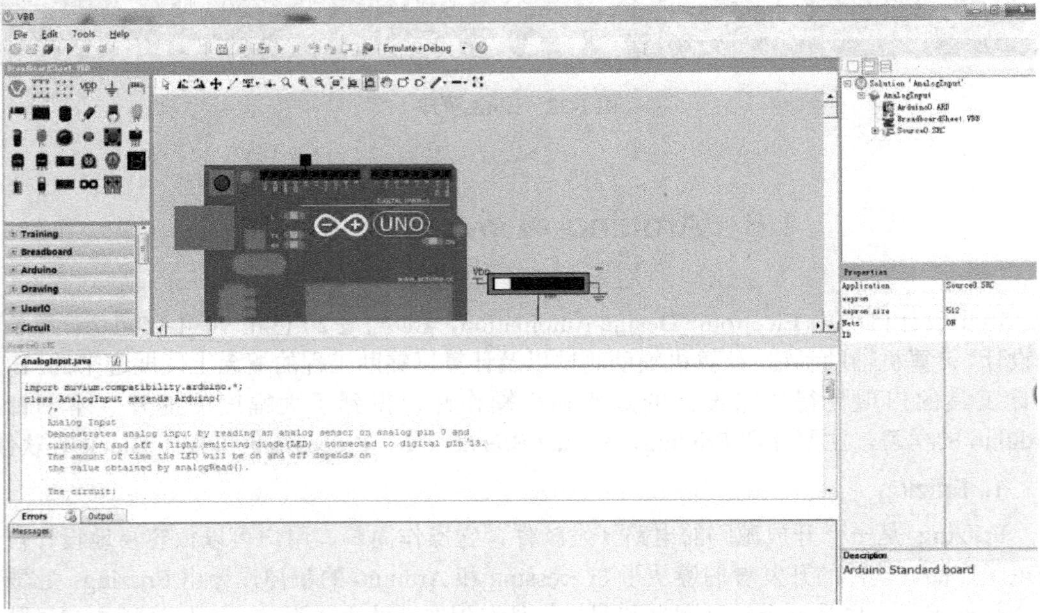

图 1-23　VBB 软件界面

VBB 可以模拟 Arduino 连接各种电子模块，例如液晶屏、各种传感器以及其他输入/输出设备。使用 VBB 可以更加直观地了解电路设计，能够在设计出原型后快速实现，而且虚拟面板具有可视性和模拟交互效果，可以实时地在软件上看到 LED、LCD 等可视模块的变化，同时能够确保安全，因为不是实物操作不会引起触电或烧毁芯片等问题。另外，用 VBB 设计出的作品也可以更快速地分享和整理，使学习和使用更加方便、简单。VBB 的版本更新很频繁，其官方网站为 http://www.virtualbreadboard.com/。

3. Processing

Processing 是一种具有前瞻性的新兴计算机语言，它具有极强的视觉表现能力。Processing 是 Java 语言的延伸，支持许多现有的 Java 语言架构，不过在语法上简易许多，并具有许多人性化的设计。Processing 可以在 Windows、MAC OS X、Linux 等操作系统上使用，目前最新版本为 Processing 3。使用 Processing 完成的作品可在个人计算机上使用，或以 Java Applets 的模式外输至网络上发布。

Processing 用来生成图片、动画和交互软件，它的思想是简单地写一行代码，就会在屏幕上生成一个圆，增加一些代码，圆便会跟着鼠标移动，再增加一些代码，圆便会随着鼠标的点击而改变颜色。我们把这称为用代码作草稿(Sketching)。

Processing 具有图形用户(GUI)界面的一些特点。举例来说，计算机屏幕上的一个像素(Pixel)就是一个变量值的可视化表现，Processing 将 Java 的语法简化并将其运算结果“感官化”，让使用者能很快享有声光兼备的交互式多媒体作品。

Processing 的源代码是开放的，和 Linux 操作系统、Perl 语言等一样，用户可依照自己的需要自由裁剪出最合适的使用模式。Processing 的应用非常丰富。

读者可以到 Processing.org 网站上下载 Processing，其实 Arduino IDE 就是基于 Processing 的界面而设计的。

4. ArduBlock

ArduBlock 是一款专门为 Arduino 设计的图形化编程软件，由上海新车间创客研制开发。ArduBlock 是一款第三方 Arduino 编程软件，目前必须在 Arduino IDE 软件下运行。区别于官方文本编辑环境，ArduBlock 是以图形化积木搭建的方式进行编程的，这种编程方式使得编程的可视化和交互性大大增强，而且降低了编程的门槛，让没有编程经验的人也能够给 Arduino 编写程序，让更多的人投身到新创意的实现中。

上海新车间是国内第一家创客空间，网址为 http://xinchejian.com/。新车间开发的 ArduBlock 受到了国际同行的好评，尤其在 Make 杂志主办的 2011 年纽约 Maker Fair 展会上，Arduino 的核心开发团队成员 Massimo 特别感谢了上海新车间创客开发的图形化编程环境 ArduBlock。ArduBlock 软件界面如图 1-24 所示。

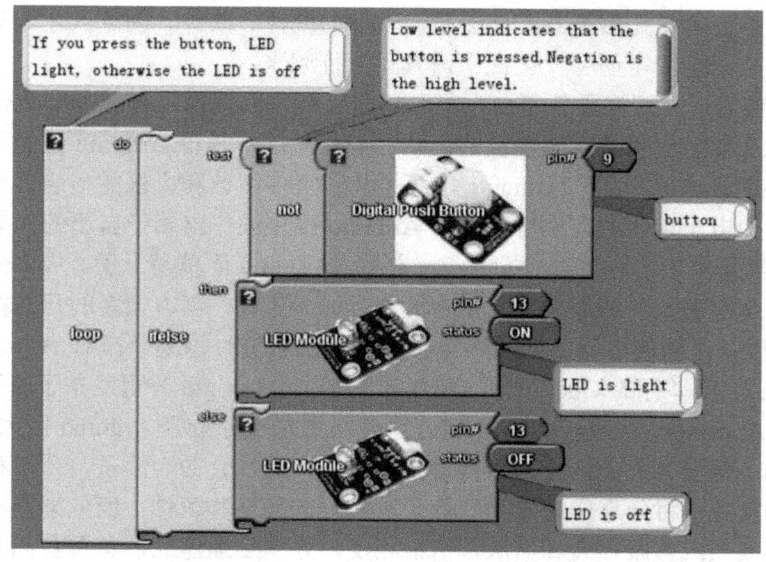

图 1-24 ArduBlock 界面

除了上面介绍的几种软件外，还有其他不错的第三方软件，如 Proteus，该软件既可进行 Arduino 的仿真，又能画出标准的电路图和 PCB 图样，在国内外使用的人很多，读者如果有兴趣可以自行查阅资料下载学习。

1.9 Arduino 的未来展望

Arduino 自诞生以来，简单、廉价的特点使其迅速风靡全球。本节将对 Arduino 发展的特点和未来进行总结和展望。

在介绍 Arduino 发展之前，首先需要了解逐渐兴起的“创客”文化。什么是“创客”？“创”指创造，“客”指从事某种活动的人，“创客”本指勇于创新，努力将自己的创意变为现实的人，这个词译自英文单词“Maker”，源于美国麻省理工学院微观装配实验室的实验课题，此课题以创新为理念，以客户为中心，以个人设计、个人制造为核心内容，参与实验课题的学生即“创客”。“创客”特指具有创新理念、自主创业的人。

互联网的产生极大地推进了社会的进步，其核心精神是“开放、共享、分权和对技术的崇拜”，而正是由于有这样的精神内涵存在，互联网开始广泛传播，并最终渗透到了全球每个角落。自由软件也正是这种精神的延续和“实例化”。1984 年 Richard Stallman 深刻地感受到自由开放正在远离这个世界，正在被商业化的拜金主义所取代，他深感自己身上的担子很重，并最终发起了 GNU 计划和自由软件运动。可以说自由软件运动是现在一切开放、开源以及 CC(Creative Commons，创作共用)的理论基础。自由软件的传播发展，促生了带有商业化倾向的开放源代码软件，开源软件的诞生进一步拓展了自由软件的发展道路，迎来了开源大发展的 21 世纪。既然软件已经开源了，那么硬件呢？由此，开源硬件呼之欲出。开源硬件特别是以 Arduino 为首的硬件产品催生了一个新的群体——创客。创客文化兴起于国外，经过一段时间的发展，如今已经成为一种潮流。国内一些硬软件发烧友了解到国外的创客文化后被其深深吸引，大量的硬件、软件、创意人才聚集在一起，各种社区、空间、论坛使得创客文化在中国真正流行起来。

Arduino 作为一款开源硬件平台，一开始设计针对的使用人群就是非电子专业尤其是艺术系学生，让他们更容易实现自己的创意。当然，这不是说 Arduino 性能不强，而是表明 Arduino 很简单、易上手。Arduino 内部封装了很多函数和大量的传感器函数库，即使不懂软件开发和电子设计的人也可以借助 Arduino 很快创作出属于自己的作品。

Arduino 与创客文化是相辅相成的。一方面，Arduino 简单易上手、成本低廉这两大优势让更多的人都能有条件和能力加入创客大军；另一方面，创客大军的日益扩大也促进了 Arduino 的发展。不同的人、不同的环境、不同的创意每时每刻都在对 Arduino 进行扩展和完善。在 2011 年举行的 Google I/O 开发者大会上，Google 公司发布了基于 Arduino 的 Android Open Accessory 标准和 ADK 工具，这使得大家十分看好 Arduino 巨大的发展前景。

没有分享，就没有人类社会的整体进步，作为人类社会的一分子，分享和传播知识是每个人应尽的义务，将分享作为乐趣则是一种良好的品格和习惯。但分享绝不意味着不尊重别人的劳动成果或鼓励抄袭和盗版，恰恰相反，分享必须建立在尊重首创精神的坚实基础上，否则创新会变成建在流沙上的建筑。创客鼓励创新各种分享盈利模式，在分享的同时，保护首创者的利益和积极性。Arduino 的发展潜力巨大，既可以让创客根据创意改造一个小玩具，也可以大规模制作成工业产品。国内外 Arduino 社区良好的运作和维护使得几乎每一个创意都能找到实现的理论和实验基础，相信随着城市的不断发展和人们对生活创新的不断追求，Arduino 的使用会越来越广泛。

第二章 Arduino 语言

Arduino 语言是建立在 C/C++ 语言基础上的，相当于基础的 C 语言，只不过是把 AVR 单片机(微控制器)相关的一些参数设置都函数化了，不了解它的底层，甚至不了解 AVR 单片机也能轻松上手使用。

 **本章学习目标**

➢ Arduino 程序架构；
➢ Arduino 语言基础。

2.1 Arduino 语言介绍与程序结构

2.1.1 Arduino 语言介绍

Arduino 基于 AVR 平台，对 AVR 库进行了二次编译封装，把端口都打包好了，寄存器、地址指针之类的基本不用配置，这大大降低了软件开发难度，适宜非专业爱好者使用。但因为是二次编译封装，代码不如直接使用 AVR 代码编写精练，代码执行效率与代码体积都弱于 AVR 直接编译。在 Arduino 中，使用清楚明了的 API 替代复杂的寄存器配置过程，代码如下所示：

```
pinMode(13, OUTPUT);
digitalWrite(13, HIGH);
```

pinMode(13, OUTPUT)就是设置管脚模式，这里设定了 13 脚为输出模式；而 digitalWrite(13, HIGH)是让 13 脚输出高电平数字信号。封装好的 API 使得程序中的语句更容易理解，我们不用理会单片机中复杂的寄存器配置就能直观地控制 Arduino，增强程序可读性的同时也提高了开发效率。在阅读了一些程序后，就会发现 Arduino 的程序结构与传统的 C/C++ 结构的不同。Arduino 程序中没有 main 函数，其实并不是 Arduino 没有 main 函数，而是 main 函数的定义隐藏在了 Arduino 的核心库文件中。Arduino 开发一般不直接操作 main 函数，而是使用 setup 和 loop 这两个函数。

2.1.2 Arduino 程序结构

在学编程语言之前，要做的一个功课就是了解程序的构架。Arduino 中的程序架构比较简单，大体可分为以下几个部分。

(1) 声明变量及接口名称，如“int ledPin = 13;”。

(2) setup()函数在程序开始时使用，可以初始化变量、接口模式、启用库等，如“pinMode(ledPin, OUTPUT);”。此函数只执行一次。

(3) loop()在 setup()函数之后，即初始化之后。loop()让程序循环地执行，使用它来运行 Arduino。该函数在程序运行过程中不断地循环执行。通常在 loop()函数中完成程序的主要功能，如采集数据、驱动执行器。

我们根据如图 2-1 所示电路图接线。

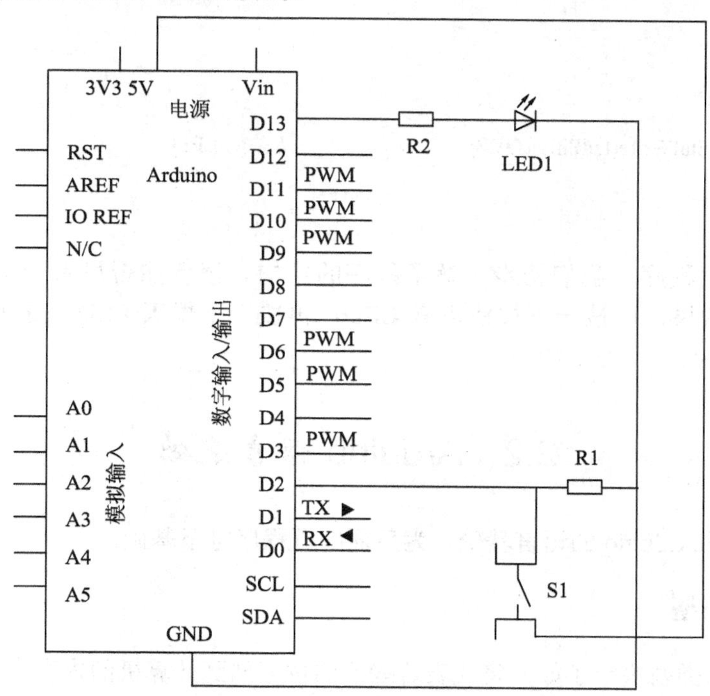

图 2-1　按钮电路

在上面的电路图中，R2 为 220Ω 的限流电阻，R1 为 10kΩ 的下拉电阻，要记得使用开关时，线路中一定要加上电阻，以防止短路。可以选择使用上拉或者下拉电阻，读者自己可思考一下。程序 2-1 所示为按钮程序。

程序 2-1　按钮程序。

```
const int buttonPin = 2;                    //声明按钮号
const int ledPin = 13;                      //声明 LED 管脚号
int buttonState = 0;                        //声明变量，存储按钮的状态

void setup()
```

```
{
    pinMode(ledPin, OUTPUT);                    //声明 LED 为输出
    pinMode(buttonPin, INPUT);                  //声明按钮为输入
}

void loop()
{
    buttonState = digitalRead(buttonPin);       //读取按钮状态
    if (buttonState == HIGH)
    {  //检查按钮是否按下，如按下，打开 LED
        digitalWrite(ledPin, HIGH);
    }
    else
    {
        digitalWrite(ledPin, LOW);              //关闭 LED
    }
}
```

通过上面的程序，我们初步了解了程序的结构。读者能否思考一下，如果要实现一个新的控制效果，即按一下按钮点亮 LED，再按一下熄灭 LED，这个程序应该怎么改呢？

2.2 Arduino 语言基础

这一节介绍 Arduino 的语言基础，为后面编写程序打下基础。

2.2.1 数据类型

变量的数据类型决定了如何将代表这些值的位存储到计算机的内存中。在声明变量时需要指定它的数据类型，这样计算机可以给变量分配内存空间。所有变量都具有数据类型，以便决定存储不同类型的数据。常用的数据类型有布尔型、字符型、字节型、整型、浮点型、字符串、数组等，下面依次介绍这些数据类型。

1. 布尔型

布尔值(boolean)是一种逻辑值，其结果只能为真(true)或者假(false)。布尔型数据会占用一个字节的内存空间。

2. 字符型

字符型(char)变量可以用来存放字符，占用一个字节的空间，存储字符时，字符需要用单引号引用，如：

```
char col = 'C';
```

字符类型存储数值范围是 −128～+127。和一般的计算机做法一样，Arduino 将字符在内存中储存成一个数值，即使你看到的明明就是一个文字。

3. 字节型

一个字节(byte)存储 8 位无符号数，其取值范围为 0～255，如：

```
byte b = B10010;                 // "B" 是二进制格式(B10010 等于十进制 18)
```

4. 整型

整型即整数类型。Arduino 可使用的整数类型及其取值范围如表 2-1 所示。

表 2-1　整型与取值范围

类　型	取 值 范 围	说　明
int	−32 768～32 767 (-2^{15}～$2^{15}-1$)	整型
unsigned int	0～65 535 (0～$2^{16}-1$)	无符号整型
long	−2 147 483 648～2 147 483 647 (-2^{31}～$2^{31}-1$)	长整型
unsigned long	0～4 294 967 295 (0～$2^{32}-1$)	无符号长整型

5. 浮点型

浮点型(float)也就是常说的实数。在 Arduino 中有 float 和 double 两种浮点类型，float 类型占用 4 个字节(32 位)的内存空间，double 类型占用 8 个字节(64 位)的内存空间。浮点型数据的运算，速度较慢且有可能丢失精度。通常我们会把浮点型转换为整型来处理相关运算，如 3.4 cm，我们通常换算为 34 mm 来计算。如果在常数后面加上“.0”，编译器会把该常数当做浮点数而不是整数来处理。

6. 字符串

字符串(string)用来表达文字信息，它是由多个 ASCII 字符组成的。字符串中的每一个字符都用一个字节的空间来储存，并且在字符串的最尾端加上一个空字符用以提示 Ardunio 处理器字符串的结束。

7. 数组

数组(array)的声明和创建与变量一致，数组是一串变量但可以通过索引去直接取得。假如想要储存不同的 LED 亮度，则可以声明 6 个变量，即 light01、light02、light03、light04、light05 和 light06，但其实也有更好的选择。例如，声明一个整型数组变量如下：

```
int   light[6] = {0, 20, 30, 50, 75, 100}
```

下面是一些创建数组的例子。

```
int arrayInts[7];
int arrayNums[] = {2, 5, 6, 8, 17};
int arrayVals[6] = {2, 4, -8, 3, 5, 9};
char arrayString[7] = "Arduino";
```

数组是从零开始索引的。例如：

```
int intArray[10] = {1, 2, 3, 4, 5, 6, 7, 8, 9, 10};
```

intArray[9] 的数值为 10，intArray[10] 是无效的，它将会是任意的随机信息。

2.2.2　数据类型转换

1. char()

描述：将一个变量的类型变为 char。

语法：

```
char(x)
```

参数：

- x：任何类型的值。

返回值：char 型值。

2. byte()

描述：将一个值转换为字节型数值。

语法：

```
byte(x)
```

参数：

- x：任何类型的值。

返回值：字节。

3. int()

描述：将一个值转换为整型数值。

语法：

```
int(x)
```

参数：

- x：任何类型的值。

返回值：整型的值。

4. long()

描述：将一个值转换为长整型数值。

语法：

```
long(x)
```

参数：

- x：任何类型的值。

返回值：长整型的值。

5. float()

描述：将一个值转换成浮点型数值。

语法：

```
float(x)
```

参数：

- x：任何类型的值。

返回值：浮点型的值。

6. word()

描述：把一个值转换为 word 数据类型的值，或由两个字节创建一个字符。

语法：

word(x)或 word(H，L)

参数：

- x：任何类型的值。
- H：高阶字节(左边)。
- L：低阶字节(右边)。

返回值：字符。

2.2.3 常量与变量

常量是指值不可以改变的量，因为常量是不可以被赋值的。编程时，常量可以是自定义的，也可以是 Arduino 核心代码中自带的。下面介绍 Arduino 核心代码中自带的一些常用的常量，以及自定义常量时应该注意的问题。

1. 数字管脚常量：INPUT 和 OUTPUT

首先要记住 INPUT 和 OUTPUT 两个常量必须是大写的。通过 pinMode()配置为 INPUT 即是将其配置在一个高阻抗的状态，配置为 INPUT 的管脚可以理解在管脚前串联了一个 100 MΩ 的电阻，这使得管脚非常利于读取传感器的数值，而不是为 LED 供电。pinMode()配置为 OUTPUT 即是将其配置在一个低阻抗的状态，这意味着管脚可以为电路提供充足的电流。ATMega 管脚可以向其他设备/电路提供(正电流，positive current)或倒灌(负电流，negative current)达 40 mA 的电流。这使得管脚利于给 LED 供电，而不是读取传感器的数值。输出(OUTPUT)管脚被短路或接 5V 电压会损坏甚至烧毁，但是管脚在为继电器或电机供电时，由于电流不足，需要一些外接电路来实现供电。在前面程序中经常出现的 pinMode(ledPin，OUTPUT)，表示从 ledPin 代表的管脚向外部电路输出数据，使得小灯能够变亮或者熄灭。

2. 管脚电压常量：HIGH 和 LOW

HIGH 和 LOW 这两个常量也必须是大写的。当读取(read)或写入(write)数字管脚时只有两个可能的值：HIGH 或 LOW。

HIGH 的含义取决于管脚(pin)的设置，管脚定义为 INPUT 或 OUTPUT 时含义有所不同。当一个管脚通过 pinMode 被设置为 INPUT，并通过 digitalRead 读取时，如果当前管脚的电压大于或等于 3V，将会返回为 HIGH。当管脚通过 pinMode 设置为 INPUT，并通过 digitalWrite 设置为 HIGH 时，输入管脚的值将被一个内在的 20kΩ 的上拉电阻控制在 HIGH 上，除非一个外部电路将其拉低到 LOW。当一个管脚通过 pinMode 被设置为 OUTPUT，并用 digitalWrite 设置为 HIGH 时，管脚的电压应为 5V，在这种状态下，它可以输出电流，如点亮一个通过串联电阻接地的 LED。

LOW 的含义同样取决于管脚设置，管脚定义为 INPUT 或 OUTPUT 时含义有所不同。

当一个管脚通过 pinMode 配置为 INPUT，通过 digitalRead 设置为读取时，如果当前管脚的电压小于等于 2 V，微控制器将返回 LOW。当一个管脚通过 pinMode 配置为 OUTPUT，并通过 digitalWrite 设置为 LOW 时，管脚为 0 V，在这种状态下，它可以倒灌电流，如点亮一个通过串联电阻连接到 +5 V 的 LED。

3. 逻辑常量(布尔常量)：false 和 true

false 的值为零，true 通常情况下被定义为 1，但 true 具有更广泛的定义。在布尔含义里任何非零整数都为 true，因此在布尔含义中 -1、2 和 -200 都被定义为 true。不同于 HIGH、LOW、INPUT 和 OUTPUT，false 和 true 需要小写。

4. 自定义常量

在 Arduino 中自定义常量包括宏定义 #define 和使用关键字 const 来定义。

变量是计算机语言中能储存计算中间结果或者能表示某些值的一种抽象概念，通俗来说就是给一个值命名。当定义一个变量时，必须指定变量的类型。如果要定义一个名为 LED 的整型变量值为 13，变量应该这样声明：

```
int led = 13;
```

一般变量的声明方法为类型名 + 变量名 + 初始值。变量名的写法一般约定为小写字母，如果单词组合则后面每个单词的首字母应该大写，例如 ledPin、ledCount 等，我们把这种拼写方式称为骆驼拼写法。

变量的作用范围又称为作用域，变量的作用范围与该变量在哪儿声明有关，大致分为如下两种：

(1) 全局变量：在程序开头的声明区或是在没有大括号限制的声明区所声明的变量，其作用域为整个程序，即整个程序都可以使用这个变量代表的值或范围，不局限于某个括号范围内。

(2) 局部变量：在大括号内的声明区所声明的变量，其作用域将局限于大括号内。若在主程序与各函数中都声明了相同名称的变量，当离开主程序或函数时，该局部变量将自动消失。

使用变量取名时，尽量使用带有一定意义的名字，这样有助于程序的读写和维护。以下面的程序为例，在这个程序中出现的 ledPin 指发光二极管，delayTime 指延迟时间。

程序 2-2 LED 闪烁程序。

```
int ledPin = 13;
int delayTime = 1000;

void setup()
{
    pinMode(ledPin, OUTPUT);
}

void loop()
```

```
{
    digitalWrite(ledPin, HIGH);
    delay(delayTime);                          //延时
    digitalWrite(ledPin, LOW);
    delay(delayTime);
    delayTime=delayTime+100;                   //每次增加延时时间 0.1 s
}
```

2.3 Arduino 的一些扩展语法

1. ; (分号)

分号用于表示一句代码的结束，如“int a = 13;”。在一行如果忘记使用分号作为结尾，将导致一个编译错误，错误提示可能会清晰地指向缺少分号的那行，也可能不会。如果弹出一个令人费解或看似不合逻辑的编译器错误，第一件事就是在错误附近检查是否缺少分号。

2. {} (花括号)

{}也称为大括号，是 C 编程语言中的一个重要组成部分，它们被用来区分几个不同的结构。左大括号“{”必须与一个右大括号“}”形成闭合，这称为括号平衡的条件。在 Arduino IDE 中有一个方便的功能来检查大括号是否平衡。只需选择一个括号，甚至单击紧接括号的插入点，就能知道这个括号的“伴侣括号”。养成一种很好的编程习惯可以避免错误，输入一个大括号后，同时也输入另一个大括号以达到平衡，然后在括号之间输入回车，然后再插入语句。这样一来，你的括号就不会变得不平衡了。不平衡的括号可导致许多错误，比如令人费解的编译器错误，有时很难在一个程序找到这个错误。由于其不同的用法，括号也是一个程序中非常重要的语法，如果括号发生错误，往往会极大地影响程序的意义。大括号的主要用途如下：

功能：

```
void myfunction(datatype argument)
{
    statements(s)
}
```

循环：

```
while (boolean expression)
{
    statement(s)
}


do
```

```
{
    statement(s)
}
while (boolean expression);

for (initialisation; termination condition; incrementing expression)
{
    statement(s)
}
```

条件语句：

```
if (boolean expression)
{
    statement(s)
}

else if (boolean expression)
{
    statement(s)
}
else
{
    statement(s)
}
```

3. // (单行注释)

注释是用于提醒自己或他人程序是如何工作的，它们会被编译器忽略掉，也不会传送给处理器，所以它们在 ATMega 芯片上不占用空间。编写注释有两种写法：

(1) 单行注释：

```
x = 5;            //注释斜杠后面本行内的所有内容都不参与编译
```

(2) 多行注释：

```
/* 这是多行注释(用于注释一段代码)
   if (gwb == 0)
   {
      x = 3;
   } */
```

当测试代码的时候，注释掉一段可能有问题的代码是非常有效的方法，这能使这段代码成为注释而保留在程序中，而编译器会忽略它们，这个方法用于寻找问题代码或当编译器提示出错以及错误很隐蔽时比较有效。

4. #define

#define 是一个很有用的 C 语言语法，它允许程序员在程序编译之前给常量命名。在 Arduino 中，定义的常量不会占用芯片上的任何内存空间，在编译时编译器会用事先定义的值来取代这些常量，语法如下：

#define 常量名 常量值

注意，# 是必需的，如：

```
#define ledPin   3
```

在编译时，编译器将使用数值 3 取代任何用到 ledPin 的地方。在 #define 声明后不能有分号；如果存在分号，编译器会抛出语义不明的错误，甚至会关闭页面。

5. #include

#include 用于调用程序以外的库。这使得程序能够访问大量标准 C 库，也能访问用于 arduino 的库。注意 #include 和 #define 一样，不能在结尾加分号，如果加了分号编译器将会报错。#include 的使用如下：

```
#include "pitches.h"
```

6. 标识符

标识符是用来标识源程序中某个对象的名字，这些对象可以是语句、数据类型、函数、变量、常量和数组等。C 语言规定，一个标识符由字母、数字和下划线组成，第一个字符必须是字母或下划线，标识符的长度不要超过 32 个字符。C 语言对大小写敏感，所以在编写程序时要注意大小写字符的区分，例如：对于 sec 和 SEC 这两个标识符来说，C 语言会认为这是两个完全不同的标识符。C 语言程序中的标识符命名要做到简洁明了、含义清晰，这便于程序的阅读和维护，例如在比较最大值时，可以使用 max 来定义该标识符。

7. 关键字

在 C 语言编程中，为了定义变量、表达语句功能和对一些文件进行预处理，还必须用一些具有特殊意义的字符，这就是关键字。C 语言共有 32 个关键字，按照其作用可分为数据类型关键字、控制语句关键字、存储类型关键字和其他关键字四类。

(1) 数据类型关键字：char，double，enum，float，int，long，short，signed，struct，union，unsigned，void。

(2) 控制语句关键字：for，do，while，break，continue，if，else，elseif，switch，case，default，return。

(3) 存储类型关键字：auto，extern，register，static。

(4) 其他关键字：const，sizeof，typedef，volatile。

2.4 运 算 符

2.4.1 复合运算符

复合运算符的用法和表达的含义如下：

(1)　x += y;　　　　　　　　//等价于 x = x + y;
(2)　x -= y;　　　　　　　　//等价于 x = x – y;
(3)　x *= y;　　　　　　　　//等价于 x = x × y;
(4)　x /= y;　　　　　　　　//等价于 x = x / y;
(5)　x%= y;　　　　　　　　//等价于 x = x%y;

例如：

```
x = 10;
x  += 4;                    // x 现在为 14
x -= 3;                     // x 现在为 7
x *= 10;                    // x 现在为 100
x /= 2;                     // x 现在为 5
x% = 3                      // x 现在为 1
```

2.4.2　关系运算符

== (相等)判断两个值是否相等，例如：x == y，比较 x 与 y 的值是否相等，相等则其结果为 1，不相等则为 0。

!= (不等)判断两个值是否不等，例如：x !=y，比较 x 与 y 的值是否相等，不相等则其结果为 1，相等则为 0。

< (小于)判断运算符左边的值是否小于右边的值，例如：x < y，若 x 的值小于 y 的值，其结果为 1，否则为 0。

> (大于)判断运算符左边的值是否大于右边的值，例如：x > y，若 x 的值大于 y 的值，其结果为 1，否则为 0。

<= (小于等于)判断运算符左边的值是否小于等于右边的值，例如：x <= y，若 x 的值小于等于 y 的值，其结果为 1，否则为 0。

>= (大于等于)判断运算符左边的值是否大于等于右边的值，例如：x >= y，若 x 的值大于等于 y 的值，其结果为 1，否则为 0。

2.4.3　布尔运算符

布尔运算符也称逻辑运算符，这些运算符可以用于 if 条件句中。

1. &&(逻辑与)

只有两个运算对象都为“真”，结果才为“真”，例如：

```
if (digitalRead(2) == HIGH && digitalRead(3) == HIGH)        //读取两个开关的电平
{
    ...
}
```

当两个输入都为高电平时，则结果为“真”。

2. || (逻辑或)

只要一个运算对象为“真”，结果就为“真”，例如：

```
if (x > 0 || y > 0)
{
    ...
}
```

如果 x 或 y 大于 0，则结果为“真”。

3. ! (逻辑非)

如果运算对象为“假”，则结果为“真”，例如：

```
if (!x)
{
    ...
}
```

如果 x 为“假”，则结果为真(即如果 x 等于 0)。

千万不要误以为，符号为 & (单符号)的位运算符就是布尔运算符的符号 && (双符号)，它们是完全不同的符号。同样，不要混淆布尔运算符 || (双竖)与位运算符“或”符号为 | (单竖)。

2.4.4 算术运算符

1. = (赋值运算符)

赋值运算符是将等号右边的数值赋值给等号左边的变量。在 C 语言中，单等号被称为赋值运算符，它与数学上的等号含义不同，赋值运算符告诉系统，将等号右边的数值或计算表达式的结果存储在等号左边的变量中。例如：

```
int sensVal;                    //声明一个名为 sensVal 的整型变量
sensVal = analogRead(0);        //将模拟管脚 0 的输入电压存储在 sensVal 变量中
```

要确保赋值运算符(= 符号)左侧的变量能够储存右边的数值。如果左侧变量的存储空间小于右边的数值，则存储在变量中的值将会发生错误。赋值运算符是从右往左运算的，是右结合。

2. +、–、*、/ (加、减、乘、除)

这些运算符返回两个操作数的和、差、积、商。这些运算是根据操作数的数据类型来运算的。运算符有运算顺序问题，先算乘除再算加减。例如，b=7/4，这样 b 就是它们的商，应该是 1。也许有人不明白了，7/4 应该是 1.75，怎么会是 1 呢？这里需要说明的是，当两个整数相除时，所得到的结果仍然是整数，没有小数部分。要想得到小数部分，可以这样写 7.0/4 或者 7/4.0，即把其中一个数变为非整数。那么怎样由一个实数得到它的整数部分呢？这就需要用强制类型转换了。例如：a=(int)(7.0/4)，因为 7.0/4 的值为 1.75，如果在前面加上“(int)”就表示把结果强制转换成整型，那么就得到了 1。

3. % 取模

一个整数除以另一个整数，其余数称为模，它有助于保持一个变量在一个特定的范围。结果=被除数%除数。被除数：一个被除的数字；除数：一个数字用于除以其他数，返回的值为余数(模)。例如：

```
X = 7%5;        // X 为 2
X = 9%5;        // X 为 4
X = 5%5;        // X 为 0
X = 4%5;        // X 为 4
```

2.4.5 位运算符

1. & (按位与)

按位操作符对变量进行位级别的计算，能够解决很多常见的编程问题。按位与用在两个整型变量之间。按位与运算符对两侧的变量的每一位都进行运算，规则是：如果两个运算元都是 1，则结果为 1，否则输出 0。在 Arduino 中，int 类型为 16 位，所以在两个 int 之间使用“&”会进行 16 个并行按位与计算。例如：

```
int a = 92;          //二进制：0000000001011100
int b = 101;         //二进制：0000000001100101
int c = a & b;       //结果：   0000000001000100，或十进制的 68
```

a 和 b 的 16 位每位都进行按位与计算，计算结果存在 c 中，二进制结果是 01000100，十进制结果是 68。按位与最常见的作用是从整型变量中选取特定的位，也就是屏蔽。

2. | (按位或)

按位或和“&”操作符类似，“|”操作符对两个变量的每一位都进行或运算，只是运算规则不同。按位或规则：只要两个位有一个为 1 则结果为 1，否则为 0。例如：

```
int a = 92;          //二进制：   0000000001011100
int b = 101;         //二进制：   0000000001100101
int c = a | b;       //结果：     0000000001111101，或十进制的 125
```

按位与和按位或运算常用于端口的读取—修改—写入。在微控制器中，一个端口是一个 8 位数字，它用于表示管脚状态，对端口进行写入能同时操作所有管脚。

3. ^ (按位异或)

C 语言中有一个不常见的操作符叫按位异或，也叫做 XOR。按位异或的另一种解释是如果两个位值相同则结果为 0，否则为 1。例如：

```
int x = 12;          //二进制：1100
int y = 10;          //二进制：1010
int z = x ^ y;       //二进制：0110，或十进制 6
```

4. ~(按位取反)

按位取反在 C 语言中是波浪号 ~。按位取反将操作数改变为它的“反面”：0 变为 1，1 变成 0。

5. << (左移位运算符)，>> (右移位运算符)

在 C 语言中有两个移位运算符：左移位运算符(<<)和右移位运算符(>>)。这两个操作符可使左运算元中的某些位移动右运算元指定的位数。例如：

```
int a = 5;          //二进制数： 0000000000000101
int b = a << 3;     //二进制数： 0000000000101000，或十进制数 40
int c = b >> 3;     //二进制数： 0000000000000101，或者说回到开始时的 5
```

2.4.6 递增/减运算符

++ (递增)和 -- (递减)表示变量递增或递减一个，如：

```
x++;        // x 自增 1 返回 x 的旧值
++x;        // x 自增 1 返回 x 的新值

x--;        // x 自减 1 返回 x 的旧值
--x;        // x 自减 1 返回 x 的新值
```

例如：

```
x = 2;
y = ++x;        // 现在 x = 3，y = 3
y = x--;        // 现在 x = 2，y 还是 3
```

2.5 条件判断

2.5.1 if

if(条件判断语句)和 ==、!=、<、> (比较运算符)一起用于检测某个条件是否达成，if 语句的语法是：

```
if (someVariable > 50)
{
    //执行某些语句
}
```

本程序测试 someVariable 变量的值是否大于 50，当大于 50 时，执行一些语句。换句话说，只有 if 后面括号里的结果为真，才会执行大括号中的语句；若为假，则跳过大括号中的语句。if 语句后的大括号可以省略，若省略大括号，则只有一条语句(以分号结尾)成为执行语句，如：

```
if (x > 120) digitalWrite(ledPin, HIGH);
```

2.5.2　if...else

if...else 是比 if 更为高级的流程控制语句，它可以进行多次条件测试。比如，检测模拟输入的值，当它小于 500 时该执行哪些操作，大于或等于 500 时执行另外的操作，代码如下所示：

```
if (pinFiveInput < 500)
{
    // 执行 A 操作
}
else
{
    // 执行 B 操作
}
```

else 可以进行额外的 if 检测，所以可以同时进行检测多个互斥的条件，测试将一个一个进行下去，直到某个测试结果为真，此时该测试相关的执行语句块将被运行，然后程序就跳过剩下的检测，直接执行到 if…else 的下一条语句。当所有检测都为假时，若存在 else 语句块，将执行默认的 else 语句块，例如：

```
if (pinFiveInput < 500)
{
    //执行 A 操作
}
else if (pinFiveInput >= 1000)
{
    //执行 B 操作
}
else
{
    //执行 C 操作
}
```

2.5.3　switch/case 语句

和 if 语句相同，switch/case 通过程序员设定的在不同条件下执行代码从而控制程序的流程。switch 语句将变量值和 case 语句中设定的值进行比较，当一个 case 语句中的设定值与变量值相同时，这条 case 语句将被执行。关键字 break 可用于退出 switch 语句，通常每条 case 语句都以 break 结尾。如果没有 break 语句，switch 语句将会一直执行接下来的语句(一直向下)直到遇见一个 break，或者直到 switch 语句结尾。例如：

```
switch (var)
{
    case 1:
    //当 var 等于 1 时，执行一些语句
    break;
    case 2
    //当 var 等于 2 时，执行一些语句
    break;
    default:
    //如果没有任何匹配，则执行 default
    //default 可有可无
}
```

2.6 循　　环

2.6.1 while 循环

while 循环会无限地循环，直到括号内的判断语句变为假。必须要有能改变判断语句的东西，要不然 while 循环将永远不会结束。while 判断条件可以是一个递增的变量或一个外部条件，如传感器的返回值。while 语句的用法如下：

```
while(表达)
{
    //语句
}
```

例如：

```
var = 0;
while(var < 200)
{  //重复一件事 200 遍
    var++
}
```

2.6.2 do...while

do...while 循环与 while 循环运行的方式是相似的，不过它的条件判断是在每个循环的最后，所以这个语句至少会被运行一次，然后才结束。do...while 循环的用法如下：

```
do
{
```

```
    //语句
}while(测试条件);
```

例如：

```
do
{
    delay(50);                    //等待传感器稳定
    X = readSensors();            //检查传感器取值
}while(X <100);                   //当 x 小于 100 时，继续运行
```

2.6.3 for

for 语句用于重复执行一段在花括号之内的代码，通常是使用一个增量计数器计数并终止循环。for 语句对于重复性的操作非常有效，通常通过与数组结合来操作数据、管脚。for 语句的使用方法如下：

for 循环开头有 3 个部分：

```
(初始化; 条件; 增量计数)
{
    //语句
}
```

“初始化”只在循环开始执行一次。每次循环，都会检测一次条件；如果条件为真，则执行语句和“增量计数”，之后再检测条件，当条件为假时，循环终止。例如：

例 1 用 PWM 管脚将 LED 变亮。

```
int PWMpin = 10;                 //将一个 LED 与 220 Ω 电阻串联接在 10 脚

void setup()
{
    //无须设置
}

void loop()
{
    for (int i = 0; i <= 255; i++)
    {
        analogWrite(PWMpin, i);
        delay(10);
    }
}
```

C 语言的 for 循环语句比 BASIC 和其他电脑编程语言的 for 语句更灵活，除了分号以

外，其他 3 个元素都能省略。

例 2　使用 for 循环使 LED 产生渐亮渐灭的效果。

```
void loop()
{
    int x=1;
    for (int i = 0; i>-1; i=i+ x)
    {
        analogWrite(PWMpin, i);
        if (i == 255) x = -1;                    //在峰值转变方向
            delay(10);
    }
}
```

2.6.4　break

break 用于退出 do、for、while 循环，能绕过一般的判断条件，它也能够用于退出 switch 语句。例如：

```
for (x = 0; x < 255; x ++)
{
    digitalWrite(PWMpin, x);
    sens = analogRead(sensorPin);
    if (sens > threshold)
    {   //超出探测范围
        x = 0;
        break;
    }
    delay(50);
}
```

2.6.5　continue

continue 语句跳过当前循环中剩余的迭代部分(do、for 或 while)，通过检查循环条件表达式，并继续进行任何后续迭代。例如：

```
for (x = 0; x < 255; x ++)
{
    if (x >40 && x<120)
    {   //当 x 在 40 与 120 之间时，跳过后面两句，即迭代
        continue;
    }
    digitalWrite(PWMpin, x);
```

```
    delay(50);
}
```

2.6.6 return

return 语句用于终止一个函数，如有返回值，将从此函数返回给调用函数。

```
return;
return value;                    //两种形式均可
```

2.7 Arduino 函数

2.7.1 数字 I/O 口

1. pinMode(pin，mode)

pinMode(pin,mode)以输入/输出模式定义函数。pin 表示为 0～13，mode 表示为 INPUT 或 OUTPUT，模拟输入脚也能当做数字脚使用，如 A0、A1 等。

2. digitalWrite(pin，value)

digitalWrite(pin,value)给一个数字管脚写入 HIGH 或者 LOW。pin 表示为 0～13，value 表示为 HIGH 或 LOW。

3. digitalRead(pin)

digitalRead(pin)读取指定管脚的值，值为 HIGH 或者 LOW。pin 表示为 0～13，value 表示为 HIGH 或 LOW，如可以读数字传感器的值。

以下是数字 I/O 口的程序示例：

```
int ledPin = 13                      // LED 连接到 13 脚
int inPin = 7;                       //按钮连接到数字管脚 7
int val = 0;                         //定义变量以存储读入值

void setup()
{
    pinMode(ledPin, OUTPUT);         //将 13 脚设置为输出
    pinMode(inPin, INPUT);           //将 7 脚设置为输入
}

void loop()
{
    val=digitalRead(inPin);          //读取输入脚
    digitalWrite(ledPin, val);       //将 LED 值设置为按钮的值
}
```

下面我们做个流水灯的实验，所需要的实验器材为：LED 灯 8 个，220 Ω 电阻 8 个。电路图如图 2-2 所示。

图 2-2　流水灯电路图

这个电路比较简单，读者考虑一下怎么接线，再考虑一下为什么不接数字的 0 和 1 口。其实物图如图 2-3 所示。

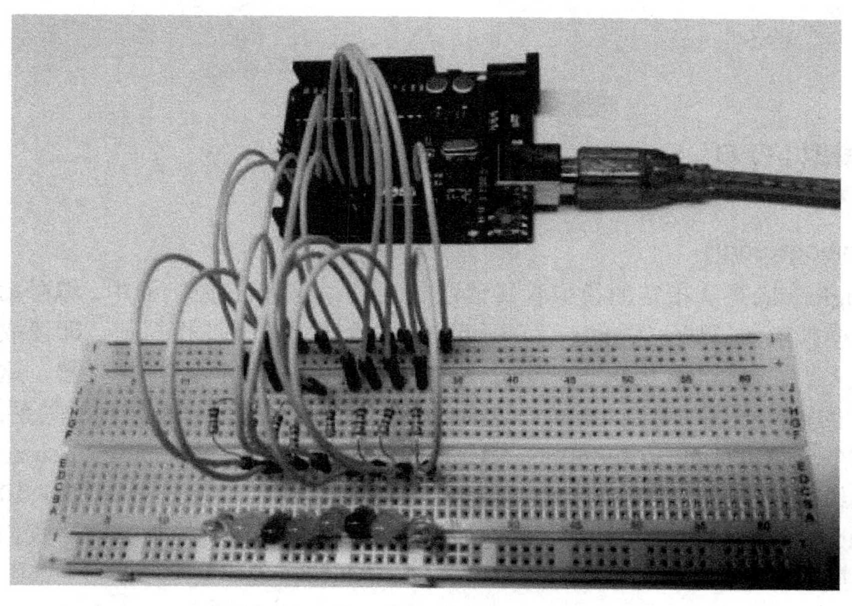

图 2-3　流水灯实物图

程序 2-3　流水灯实验。

```
void setup()
{
    for (int i = 2; i < 10; i++)
        pinMode(i, OUTPUT);                    //初始化 I/O 口
}

void loop()
{   //从管脚 2 到管脚 7，逐个点亮 LED，等待 1 s 再熄灭 LED
    for (int i = 2; i < 9; i++)
    {
        digitalWrite(i, HIGH);
        delay(1000);
        digitalWrite(i, LOW);
    }
    //从管脚 7 到管脚 2，逐个点亮 LED，等待 1 s 再熄灭 LED
    for (int i = 9; i > 2; i--)
    {
        digitalWrite(i, HIGH);
        delay(1000);
        digitalWrite(i, LOW);
    }
}
```

2.7.2　模拟 I/O 口

1. analogRead()

analogRead()是从指定的模拟管脚读取数据值。Arduino 控制器中，编号前带有“A”的管脚是模拟输入管脚。Arduino 可以读取这些管脚上输入的模拟值，即读取管脚上输入的电压大小。Arduino 板包含一个 6 通道和 10 位模拟数字(A/D)转换器，这意味着它将 0～5 V 的输入电压映射到 0～1023 之间的整数值，这将产生读数之间的关系：5 V/1024 单位。每个单位 0.0049 V(4.9 mV)。输入范围和精度可以通过 analogReference()改变，它需要大约 100 μs(0.0001 s)来读取模拟输入，所以最大的读取速度是每秒 10 000 次。从 Arduino 输入管脚的 A0 到 A5 读取数值，输出为 0～1023 的整数值，我们可以运行下面的程序。

```
int analogPin = 3;                    //电位器(中间的管脚)连接到模拟输入管脚 3
                                      //另外两个管脚分别接地和 +5 V
```

```
int val = 0;                          //定义变量来存储读取的数值
void setup()
{
    Serial.begin(9600);               //设置串口波特率(9600)
}

void loop()
{
    val = analogRead(analogPin);      //从输入管脚读取数值
    Serial.println(val);              //显示读取的数值
}
```

读者可以考虑做一下这个实验，并从串口看程序的执行结果。

2. analogWrite()

analogWrite 是指从一个管脚输出模拟值(脉冲宽度调整，Pulse Width Modulation，PWM)，可让 LED 以不同的亮度点亮或驱动电机以不同的速度旋转。analogWrite()输出结束后，该管脚将产生一个特定占空比方波，输出持续到下次调用 analogWrite()(或在同一管脚调用 digitalRead()、digitalWrite())。PWM 信号的频率大约是 490 Hz，是固定频率的，改变的是占空比。

在大多数 Arduino Uno 板中，管脚 3、5、6、9、10 和 11 可以实现 PWM 功能。在使用 analogWrite()前，不需要调用 pinMode()来设置管脚为输出管脚。其语法为“analogWrite(pin, value);”，其中参数 value 为占空比，取值范围为 0(完全关闭)～255(完全打开)。PWM 输出如图 2-4 所示。

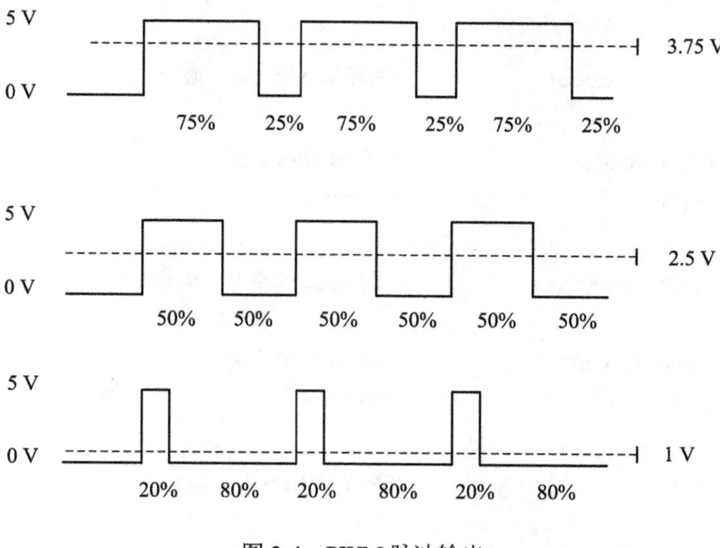

图 2-4　PWM 脉冲输出

下面我们做个呼吸灯的实验，所需要的实验器材为：LED 灯一个，220 Ω 电阻一个。电路如图 2-5 所示。

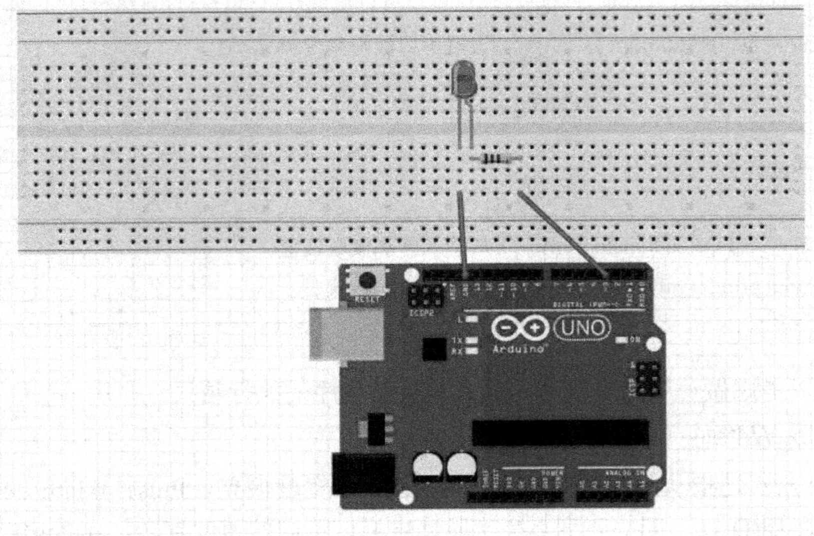

图 2-5 呼吸灯实验

程序 2-4 呼吸灯实验。

```
void setup ()
{
    pinMode(3, OUTPUT);                //声明 3 脚为输出
}

void loop()
{
    for (int a=0; a<=255; a++)         //循环从 0 至 255，增加亮度
    {
        analogWrite(3, a);             // PWM 输出 3 脚
        delay(8);                      //等待 8 ms
    }
    for (int a=255; a>=0; a--)         //循环从 255 至 0，减少亮度
    {
        analogWrite(3, a);             // PWM 输出 3 脚
        delay(8);                      //等待 8 ms
    }
    delay(800);                        //等待 800 ms
}
```

读者可以看一下运行的结果，LED 灯像能呼吸一样，从灭到亮再从亮到灭，这就是称

为呼吸灯的原因。下面加入电位器进行控制，采用 10kΩ 电位器来调节呼吸灯，电路连接图如图 2-6 所示。

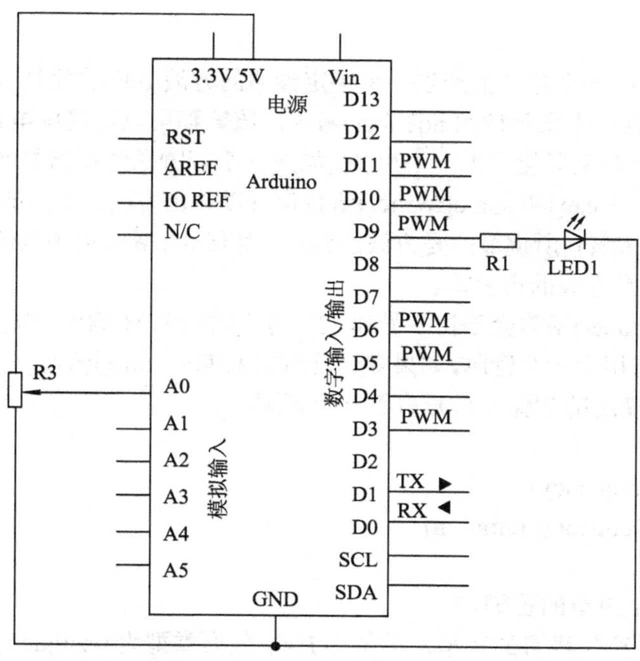

图 2-6 电位器控制 LED 灯

程序 2-5 电位器调节呼吸灯实验。

```
const int analogPin = A0;        //模拟输入接口
const int ledPin = 9;            //LED 灯接口
int inputValue = 0;              //存储输入值的变量
int outputValue = 0;             //存储输出值的变量

void setup()
{
}

void loop()
{
    inputValue = analogRead(analogPin);
    //从 A0 端口读入数值
    outputValue = map(inputValue, 0, 1023, 0, 255);
    //把数值从 0 至 1023 映射到 0 至 255
    analogWrite(ledPin, outputValue);
    //用输出的数值控制 LED 灯
}
```

2.7.3 高级 I/O 口

1. tone()

tone()的作用是在一个管脚上产生一个特定频率的方波(50%占空比)，持续时间可以设定，否则波形会一直产生直到调用 noTone()函数。该管脚可以连接压电蜂鸣器或其他喇叭播放声音，但在同一时刻只能产生一个声音。如果一个管脚已经在播放音乐，那调用 tone()将不会有任何效果。Tone()和 analogWrite()函数都可以输出方波，不同的是 tone()函数输出方波的占空比固定(50%)，所调节的是方波的频率；而 analogWrite()函数输出的频率固定(约 490 Hz)，所调节的是方波的占空比。

需要注意的是 tone()函数会干扰 3 号和 11 号管脚的 PWM 输出功能，并且同一个时间的 tone()函数仅能作用于一个管脚，如果多个管脚需要使用 tone()函数，必须先使用 notone()函数停止之前已经使用的管脚，再开启下一个管脚。

语法：

```
tone(pin, frequency)
tone(pin, frequency, duration)
```

参数：

- pin：要产生声音的管脚。
- frequency：产生声音的频率，单位为 Hz，数据类型为 unsigned int。
- duration：声音持续的时间，单位为 ms(可选)，数据类型为 unsigned long。

2. noTone()

noTone()停止由 tone()产生的方波，如果没有使用 tone()将不会有效果。注意：如果想在多个管脚上产生不同的声音，需要在对下个管脚使用 tone()前对刚才的管脚调用 noTone()。

语法：

```
noTone(pin)
```

参数：

- pin：所要停止产生声音的管脚。

3. shiftOut()

shiftOut()作用是将数据的一个字节一位一位地移出。从最高有效位(MSB，最左边)或最低有效位(LSB，最右边)开始，依次向数据脚写入每一位，之后时钟脚被拉高或拉低，指示刚才的数据有效。如果所连接的设备时钟类型为上升沿，需要确定在调用 shiftOut()前时钟脚为低电平，如调用 digitalWrite(clockPin, LOW)。

语法：

```
shiftOut(dataPin, clockPin, bitOrder, value)
```

参数：

- dataPin：输出每一位数据的管脚(int)。
- clockPin：时钟脚，当 dataPin 有值时此管脚电平变化(int)。
- bitOrder：输出位的顺序，最高位优先或最低位优先。

- value：要移位输出的数据(byte)。

注意：dataPin 和 clockPin 要用 pinMode()配置为输出。shiftOut 目前只能输出 1 个字节(8 位)，所以如果输出值大于 255 则需要分两步进行。

在某些时候，可能 Arduino 板上的管脚数量不够，需要使用移位寄存器对其进行扩展，下例是基于 74HC595。74HC595 是具有输出锁存器的 8 位串行输入、串行或并行输出移位寄存器。换句话说，可以使用 74HC595 一次控制 8 个输出，同时只占用微控制器上的几个管脚，也可以将多个寄存器连接在一起以进一步扩展输出。74HC595 管脚排列如图 2-7 所示。

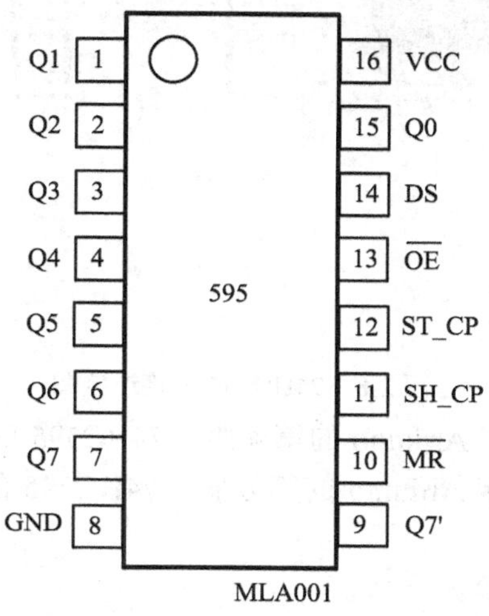

图 2-7　74HC595 管脚排列图

各个管脚的功能如下：

Q0～Q7：8 位并行输出端。

Q7′：级联输出端。将它接下一个 74HC595 的 DS 端。

DS：串行数据输入端，如果级联则接上一级的 Q7′。

74HC595 的控制端说明：

$\overline{MR}$ (10 脚)：低电平时将移位寄存器的数据清零，通常将它接 VCC。

SH_CP(11 脚)：上升沿时数据寄存器的数据移位。

由 Q0→Q1→Q2→Q3→…→Q7 移位：下降沿时移位寄存器数据不变。

ST_CP(12 脚)：上升沿时移位寄存器的数据进入数据存储寄存器，下降沿时存储寄存器数据不变。通常将 ST_CP 置为低电平，当移位结束后，在 ST_CP 端产生一个正脉冲(5 V)时，大于几十纳秒就行了。我们通常都选微秒级更新显示数据。

$\overline{OE}$ (13 脚)：高电平时禁止输出(高阻态)。

74HC595 的主要优点是具有数据存储寄存器，在移位的过程中，输出端的数据可以保持不变，这在串行速度慢的场合很有用处，数码管没有闪烁感。74HC595 是串入并出带有锁存功能的移位寄存器，在正常使用时 ST_CP 为低电平，$\overline{OE}$ 为低电平。从 DS 每输入一位数据，串行输入时钟 SH_CP 上升沿有效一次，直到 8 位数据输入完毕，输出时钟 ST_CP 上升沿有效一次，此时，输入的数据就被送到了输出端。按如图 2-8 所示的电路图接线。

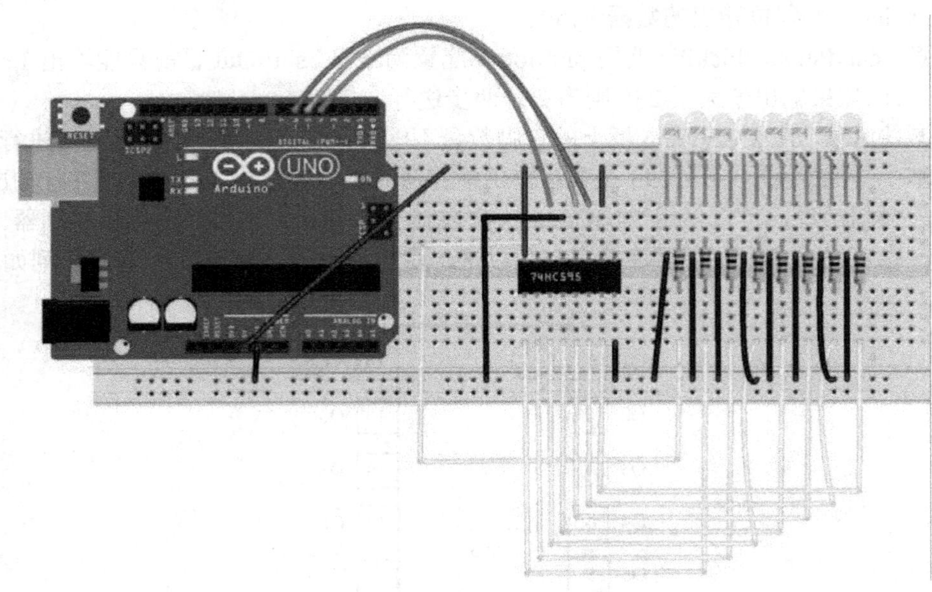

图 2-8　74HC595 电路连接图

74HC595 的第 14 管脚接 Arduino 的第 4 脚，74HC595 的第 12 管脚接 Arduino 的第 5 脚，74HC595 的第 11 管脚接 Arduino 的第 6 脚，74HC595 的第 10 管脚接高电平，第 13 管脚接低电平。

程序 2-6　74HC595 实验。

```
int latchPin = 5;
int clockPin = 6;
int dataPin = 4;

byte leds = 0;

void setup()
{
    pinMode(latchPin, OUTPUT);
    pinMode(dataPin, OUTPUT);
    pinMode(clockPin, OUTPUT);
}

void loop()
{
    leds = 0;
    updateShiftRegister();
    delay(500);
```

```
        for (int i = 0; i < 8; i++)
        {
            bitSet(leds, i);
            updateShiftRegister();
            delay(500);
        }
    }

    void updateShiftRegister()
    {
        digitalWrite(latchPin, LOW);
        shiftOut(dataPin, clockPin, LSBFIRST, leds);
        digitalWrite(latchPin, HIGH);
    }
```

这里用到了 bitSet 这个的函数，这是为一个数字变量设置一个位，bitSet(x, n)函数中的参数 x 是想要设置的数字变量，n 是想要设置的位，0 是最右边的位。读者可以分析一下这个程序。

4. shiftIn()

shiftIn()函数是指将一个数据的一个字节一位一位地移入，从最高有效位(最左边)或最低有效位(最右边)开始。对于每个位，先拉高时钟电平，再从数据传输线中读取一位，再将时钟线拉低。

语法：

shiftIn(dataPin, clockPin, bitOrder)

参数：

- dataPin：输出每一位数据的管脚(int)。
- clockPin：时钟脚，当 dataPin 有值时此管脚电平会变化(int)。
- bitOrder：输出位的顺序，最高位优先或最低位优先。

5. pulseIn()

pulseIn()函数的作用是读取一个管脚的脉冲(HIGH或LOW)。例如，如果value是HIGH，则 pulseIn()会等待管脚变为 HIGH 才开始计时，再等待管脚变为 LOW 时停止计时，返回值为脉冲的长度，单位是 μs。如果在指定的时间内没有检测到脉冲则函数返回。本书在后面的超声波实验中会用到这个函数。

语法：

pulseIn(pin, value)

pulseIn(pin, value, timeout)

参数：

- pin：要进行脉冲计时的管脚号(int)。
- value：要读取的脉冲类型，HIGH 或 LOW(int)。

• timeout (可选)：指定脉冲计数的等待时间，单位为 μs，默认值是 1 s(unsigned long)。

2.7.4 时间函数

1. millis()

millis()将返回 Arduino 开发板从运行到当前程序的毫秒数，这个数字将在约 50 天后溢出(归零)。

程序 2-7 时间函数。

```
unsigned long time;
void setup()
{
    Serial.begin(9600);
}
void loop()
{
    Serial.print("Time:");
    time = millis();
    //打印从程序开始到现在的时间
    Serial.println(time);
    //等待 1 s，以免发送大量的数据
    delay(1000);
}
```

参数 millis 是一个无符号长整数，如果和其他数据类型(如整型数)做数学运算可能会产生错误。

2. micros()

micros()返回 Arduino 开发板从运行到当前程序的微秒数，这个数字将在约 70 min 后溢出(归零)。

3. delay()

delay()的作用使程序暂停设定的时间(单位为 ms)。

语法：

delay(ms)

虽然使用 delay()来控制 LED 闪烁很简单，并且许多例子将很短的 delay 用于消除开关抖动，但 delay()也有很多明显的缺点。在 delay()函数使用的过程中，读取传感器值、计算、管脚操作均无法执行，因此，它所带来的后果就是使其他大多数活动暂停。关于其他操作定时的方法读者可自行研究。大多数熟练的程序员通常避免超过 10 ms 的 delay()，除非 Arduino 程序非常简单。

但某些操作在 delay()执行时仍然能够运行，delay()函数并不会使中断失效，如通信端口 RX 接收到的数据仍会被记录，PWM(analogWrite)值和管脚状态会保持，中断也会按设定的执行。

2.7.5　数学函数

1. min()

min(x, y)：计算两个数字中的较小值，返回两个数字中的较小者。例如：

```
sensVal = min(sensVal, 120);   //将 sensVal 和 120 中较小者赋值给 sensVal，确保它永远不会大于 120
```

2. max()

max(x, y)：计算两个数中的较大值，返回两个数字中较大的一个。例如：

```
sensVal = max(senVal, 30);    //将 30 或更大值赋给 sensVal (有效保障它的值至少为 30)
```

3. abs()

abs(x)：计算一个数的绝对值。如果 x 大于或等于 0，则返回它本身；如果 x 小于 0，则返回它的相反数。

4. constrain()

constrain(x, a, b)，将一个数约束在一个范围内。

参数：

- x：要被约束的数字，适用所有的数据类型。
- a：该范围的最小值，适用所有的数据类型。
- b：该范围的最大值，适用所有的数据类型。

返回值：

x：如果 x 是介于 a 和 b 之间。

a：如果 x 小于 a。

b：如果 x 大于 b。

例如：

```
sensVal = constrain(sensVal, 20, 160);          //传感器返回值的范围限制在 20 到 160 之间
```

5. map()

map(value, fromLow, fromHigh, toLow, toHigh)：将一个数从一个范围映射到另外一个范围。也就是说，会将 fromLow 到 fromHigh 之间的值映射到 toLow 在 toHigh 之间的值。

参数：

- value：需要映射的值。
- fromLow：当前范围值的下限。
- fromHigh：当前范围值的上限。
- toLow：目标范围值的下限。
- toHigh：目标范围值的上限。

返回值为被映射的值。例如：

```
/*映射一个模拟值到 8 位(0～255)*/
void setup(){}
```

```
void loop()
{
    int val = analogRead(0);
    val = map(val, 0, 1023, 0, 255);
    analogWrite(9, val);
}
```

2.7.6　随机数

1. randomSeed()

使用 randomSeed()初始化为随机数生成器，使生成器在随机序列中的任意点开始，这个序列虽然很长并且是随机的，但始终是同一序列。

如需要在一个 random()序列上生成真正意义的随机数，在执行其子序列时使用 randomSeed()函数预设一个绝对的随机输入，例如一个断开管脚上的 analogRead()函数的返回值。

2. random()

使用 random()函数将生成伪随机数。

语法：

random(max)

random(min, max)

参数：

- min(此参数可选)：随机数的最小值，随机数将包含此值。
- max：随机数的最大值，随机数不包含此值。

返回值为 min 和 max-1 之间的随机数(数据类型为 long)。

例如：

```
long randNumber

void setup()
{
    Serial.begin(9600);
    //如果模拟输入管脚 0 为断开，则随机的模拟噪声将会调用 randomSeed()函数在每次代码
    //运行时生成不同的种子数值
    //randomSeed()将随机打乱 random 函数
    randomSeed(analogRead(0));
}

void loop()
```

```
{   //打印一个 0 到 299 之间的随机数
    randNumber = random(300);
    Serial.println(randNumber);
    //打印一个 10 到 19 之间的随机数
    randNumber = random(10, 20);
    Serial.println(randNumber);
    delay(50);
}
```

2.7.7　外部中断

1. attachInterrupt()

attachInterrupt(interrupt, function, mode)：当发生外部中断时，调用一个指定函数；当中断发生时，该函数会取代正在执行的程序。大多数的 Arduino 板有两个外部中断：0 号中断(数字管脚 2)和 1 号中断(数字管脚 3)。Arduino Mega 有 4 个外部中断：2(管脚 21)、3(管脚 20)、4(管脚 19)和 5(管脚 18)。attachInterrupt()的 3 个参数如下：

interrupt：中断的编号。

function：中断发生时调用的函数，此函数必须不带参数和不返回任何值，有时称为中断服务程序。

mode：定义何种情况下发生中断，以下为 mode 的 4 个常数取值：

LOW：当管脚为低电平时，触发中断。

CHANGE：当管脚电平发生改变时，触发中断。

RISING：当管脚由低电平变为高电平时，触发中断。

FALLING：当管脚由高电平变为低电平时，触发中断。

当中断函数发生时，delay()和 millis()的数值将不会继续变化，串口收到的数据可能会丢失，因此应该声明一个变量在未发生中断时储存变量。

2. detachInterrupt()

detachInterrupt(interrupt)：关闭给定的中断。其参数如下：

interrupt：中断禁用的编号(0 或者 1)。

2.7.8　开关中断

1. interrupts()

interrupts()表示重新启用中断(使用 noInterrupts()命令后将被禁用)。中断允许一些重要任务在后台运行，禁用中断后一些函数可能无法工作，传入信息可能会被忽略。

2. noInterrupts()

noInterrupts()表示禁止中断(重新使能中断 interrupts())。中断允许在后台运行一些重要任务，默认使能中断。禁止中断时部分函数会无法工作，通信中接收到的信息也可能会丢失。中断会稍影响计时代码，在某些特定的代码中也会失效。例如：

```
void setup()

void loop()
{
    noInterrupts();
    //关键的、时间敏感的代码放在这
    interrupts();
    //其他代码放在这
}
```

2.7.9　串口通信函数

串口用于 Arduino 控制板和一台计算机或其他设备之间的通信。所有的 Arduino 控制板至少有一个串口(又称为 UART)，它通过 0(RX)和 1(TX)数字管脚经过串口转换芯片连接到计算机的 USB 端口与计算机进行通信。因此，如果使用这些功能将不能同时使用管脚 0 和 1 作为输入或输出。

可以使用 Arduino IDE 内置的串口监视器与 Arduino 板通信。点击工具栏上的串口监视器按钮，调用 begin()函数(选择相同的波特率)。下面介绍几个常用的串口通信函数。

(1) if (Serial)：表示指定的串口是否准备好。它返回布尔值，如果指定的串行端口是可用的，则返回 true，否则返回 false。

(2) Serial.available()：获取从串口读取的有效字节数(字符)，这是已经传输并存储在串行接收缓冲区(能够存储 64 个字节)的数据，返回可读取的字节数。

例如：

```
void setup()
{
    Serial.begin(9600);                    //初始化串口
}
void loop()
{
    if(Serial.available()>0)
    {
        char ch=Serial.read();
        Serial.print(ch);
    }
}
```

(3) Serial.begin()：将串行数据传输速率设置为 b/s(波特)，与计算机进行通信时，可以使用这些波特率：300、1200、2400、4800、9600、14 400、19 200、28 800、38 400、57 600 或 115 200。

语法：

Serial.begin(speed)

参数：

- speed：b/s (波特)，类型为 long。

返回：无。

例如：

```
void setup()
{
    Serial.begin(9600);         //打开串口，设置数据传输速率为 9600 b/s
}
```

(4) Serial.print()：以 ASCII 文本形式打印数据到串口输出，此命令可以采取多种形式。每个数字的打印输出使用的是 ASCII 字符；浮点型同样打印输出的是 ASCII 字符，保留到小数点后两位；Bytes 型则打印输出单个字符；字符和字符串原样打印输出。但 Serial.print()打印输出数据不换行，但 Serial.println()打印输出数据后自动换行处理。例如：

Serial.print(78)　　　输出为“78”；
Serial.print(1.23456)　　　输出为“1.23”；
Serial.print("N")　　　输出为“N”；
Serial.print("Hello world.")　　　输出为“Hello world.”。

也可以自己定义输出为几进制(格式)；可以是 BIN(二进制)、OCT(八进制)、DEC(十进制)或 HEX(十六进制)。对于浮点型数字，可以指定输出的小数位数。例如：

Serial.print(78, BIN)　　　输出为“1001110”；
Serial.print(78, OCT)　　　输出为“116”；
Serial.print(78, DEC)　　　输出为“78”；
Serial.print(78, HEX)　　　输出为“4E”；
Serial.println(1.23456, 0)　　　输出为“1”；
Serial.println(1.23456, 2)　　　输出为“1.23”；
Serial.println(1.23456, 4)　　　输出为“1.2346”。

语法：

Serial.print(val)
Serial.print(val, format)

参数：

- val：打印输出的值(任何数据类型)。
- format：指定进制(整数数据类型)或小数位数(浮点类型)。

(5) Serial.println()：打印数据到串行端口，输出人们可识别的 ASCII 文本并回车(ASCII 13，或 '\r')及换行(ASCII 10，或 '\n')，此命令采用的形式与 Serial.print()相同。

语法：

Serial.println(val)
Serial.println(val, format)

参数：

- val：打印的内容(任何数据类型都可以)。
- format：指定基数(整数数据类型)或小数位数(浮点类型)。

程序如下：

```
int counter＝0;                    //计数器
void setup()
{
    Serial.begin(9600);
}
void loop()
{
    counter = counter+1;
    Serial.print(counter);
    Serial.print(":");
    Serial.println("Hello World");
    delay(1000);
}
```

程序执行结果如图 2-9 所示。

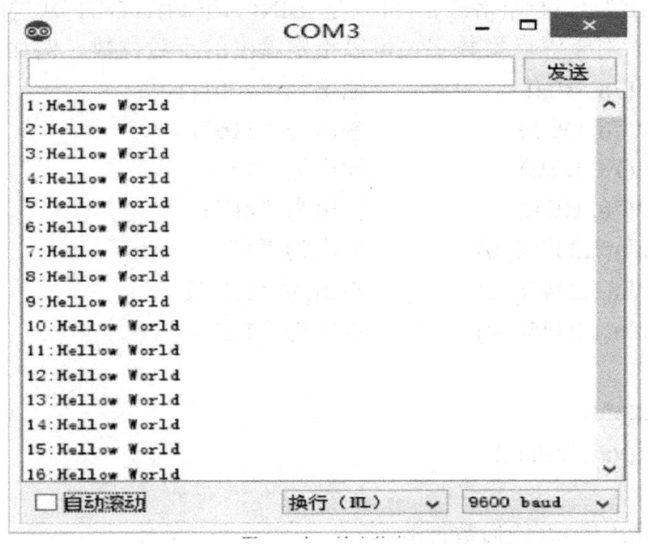

图 2-9　串口输出

(6) Serial.read()：读取传入的串口的数据。

语法：

　　Serial.read()

参数：无。

下面做个串口控制开关灯的实验，程序中使用 Serial. read()语句接收数据并进行判断，当接收到的数据为“a”时，便点亮 LED，并输出提示“turn on”；当接收到的数据为“b”时，便关闭 LED，并输出提示“turn off”。

程序如下：

```
void setup()
{
    Serial.begin(9600);
    pinMode(13, OUTPUT);
}
void loop()
{
    if(Serial.available()>0)
    {
        char ch=Serial.read();
        Serial.print(ch);
        if(ch== 'a')
        {  //开灯
            digitalWrite(13, HIGH);
            Serial.println("turn on");
        }
        else if(ch== 'b')
        {  //关灯
            digitalWrite(13, LOW);
            Serial.println("turn off");
        }
    }
```

2.8　Arduino 库函数

2.8.1　库函数概述

Arduino 开发的一个优势就是可以通过添加第三方库来增加对硬件的支持。目前 Arduino 已经有很多库，开发者可以根据需求选择安装，它们只会在需要的时候载入。在程序的顶端会列举出运行该程序需要什么样的库，如 #include<GSM.h>表示需要一个叫做 GSM 的库或者一个包含 GSM 文件的库。库是一个包含一些文件在里面的文件夹，这些文件以 .cpp 或 .h 为扩展名。

2.8.2　常用库函数

- Bridge：使 Linux 处理器和 AVR 处理器之间能够通信。

- EEPROM：对永久内存进行读写。
- Esplora：此链接库允许方便地访问安装在 Esplora 上面的传感器和扩展板。
- Ethernet：用于通过 Arduino 以太网扩展板连接到互联网。
- Firmata：与计算机上应用程序通信的标准串行协议。
- Keyboard：向已连接的计算机发送按键指令。
- Mouse：控制已连接的计算机中的鼠标光标。
- Robot Control：这个库可以很方便地连接到用 Arduino 的机器人。
- SD：对 SD 卡进行读写操作。
- SPI：与使用的串行接口(SPI)的设备进行通信。
- Servo：控制伺服电机。
- SoftwareSerial：使用任何数字管脚进行串行通信。
- Wire：双总线接口，通过网络给设备或者传感器发送和接收数据。

2.8.3　如何添加额外的 Arduino 库函数

1. 使用管理库

要在 Arduino IDE 中安装新库，可以使用库管理器。打开 IDE 并单击“项目”菜单，然后单击“加载库”→“管理库”，如图 2-10 所示。

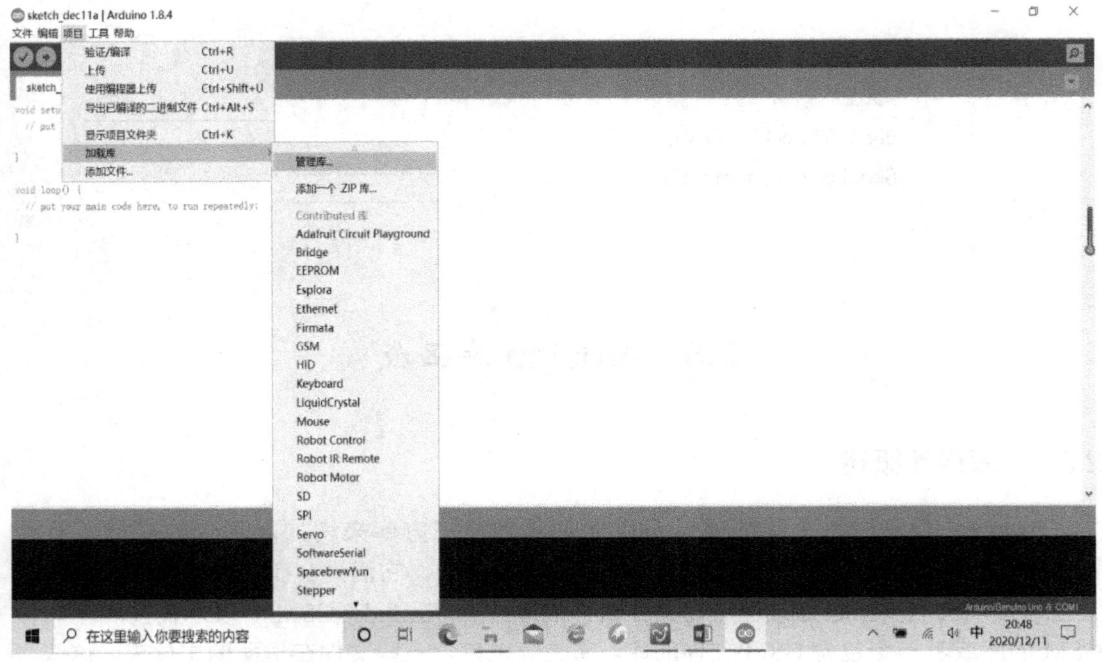

图 2-10　加载库页面

打开库管理器，读者可以找到已安装或可以安装的库列表。在此示例中，我们将安装 ArduinoCloud 库，滚动列表找到它，然后选择要安装的库的版本，如图 2-11 所示。

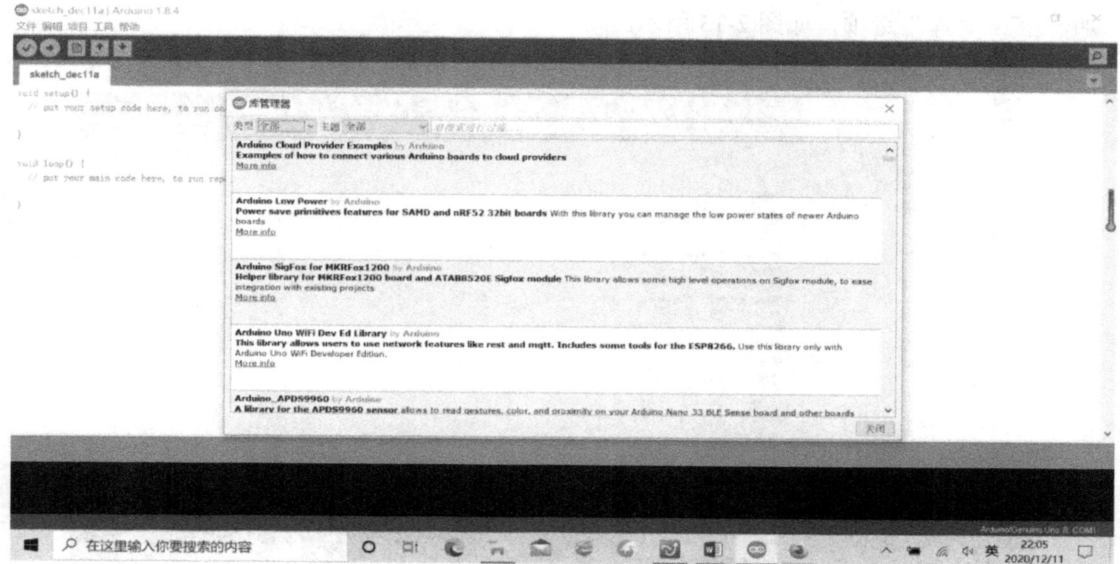

图 2-11 库管理器

最后单击安装并等待 IDE 安装新库，下载可能需要一些时间。完成后，ArduinoCloud 库旁边会出现一个安装的标签，这时可以关闭库管理器，如图 2-12 所示。

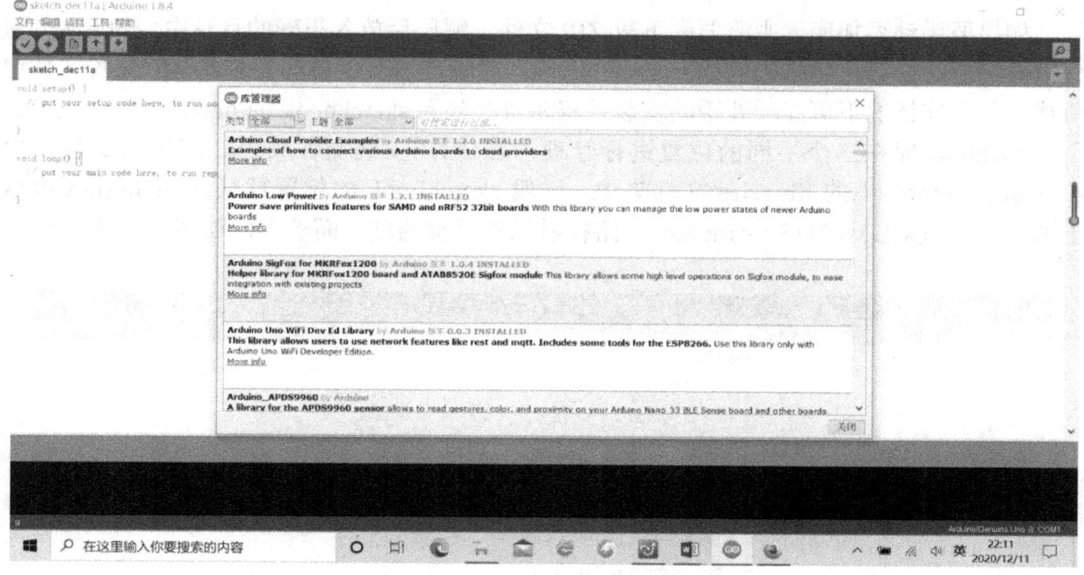

图 2-12 库安装完成示意图

关闭以后就可以在加载库中看到安装完成的库。

2. 输入.ZIP 的库

库通常作为 ZIP 文件或文件夹发布，文件夹的名称就是库的名称。文件夹内部有一个 .cpp 文件、一个 .h 文件、一个 keywords.txt 文件以及 examples 文件夹和库所需的其他文件。从版本 1.0.5 开始，可以在 IDE 中直接安装第三方库，但不要解压缩下载的库。在 Arduino IDE 中，到“项目”菜单中选择“加载库”子菜单，在下拉列表的顶部选择“添

加一个 .ZIP 库”选项，如图 2-13 所示。

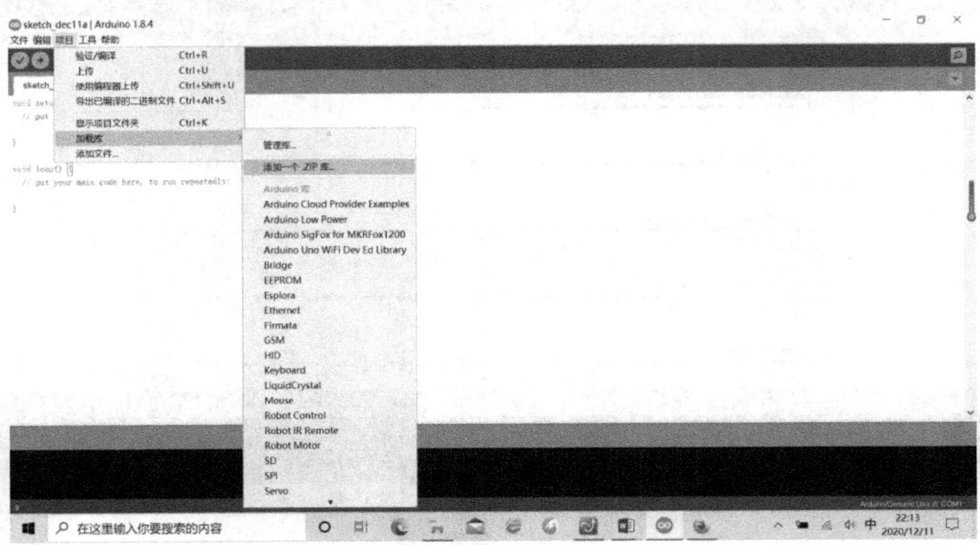

图 2-13　加载 ZIP 库

3. 手动安装

如果要手动添加库，则需要先下载 ZIP 文件，解压后放入正确的目录中，ZIP 文件包含需要的所有内容，包括提供的 example 示例。库管理器可以自动安装此 ZIP 文件，如前所述，但有些情况下可能需要手动安装并将库自行放入 sketchbook 的 libraries 文件夹中。

Arduino 库在三个不同的位置进行管理：在 IDE 安装文件夹内、在核心文件夹内和在 sketchbook 中的 libraries 文件夹中。一般 sketchbook 的位置默认为 Windows 机器上的“... \\ DOCUMENTS \ Arduino”。路径显示在“首选项”面板中，如图 2-14 所示。

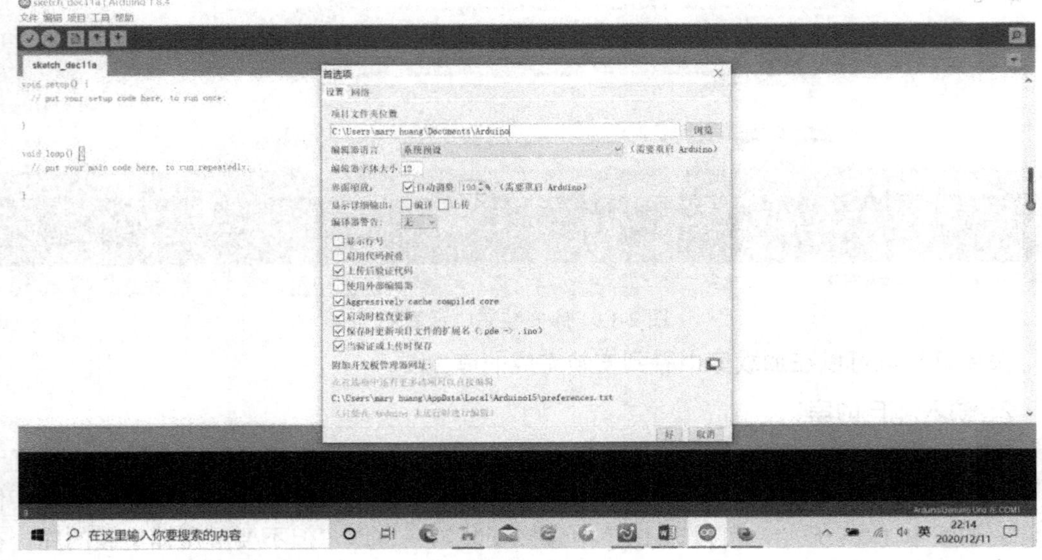

图 2-14　首选项示意图

解压 ZIP 文件，拷贝到“首选项”所指示的路径下，重新启动 IDE，就能看到加载的库了。

2.9　交通信号灯

在本节中，我们将讨论如何使用 Arduino 微控制器构建交通灯电路。

我们需要 1 个 7 段数码管、74HC595、220Ω 电阻 7 个和红、黄、绿 LED 灯各两只。在这个实验中，使用 7 段数码管倒计时并设置两组交通信号灯来代表两个方向，比如说南北(TF1)和东西(TF2)，电路图如图 2-15 所示。

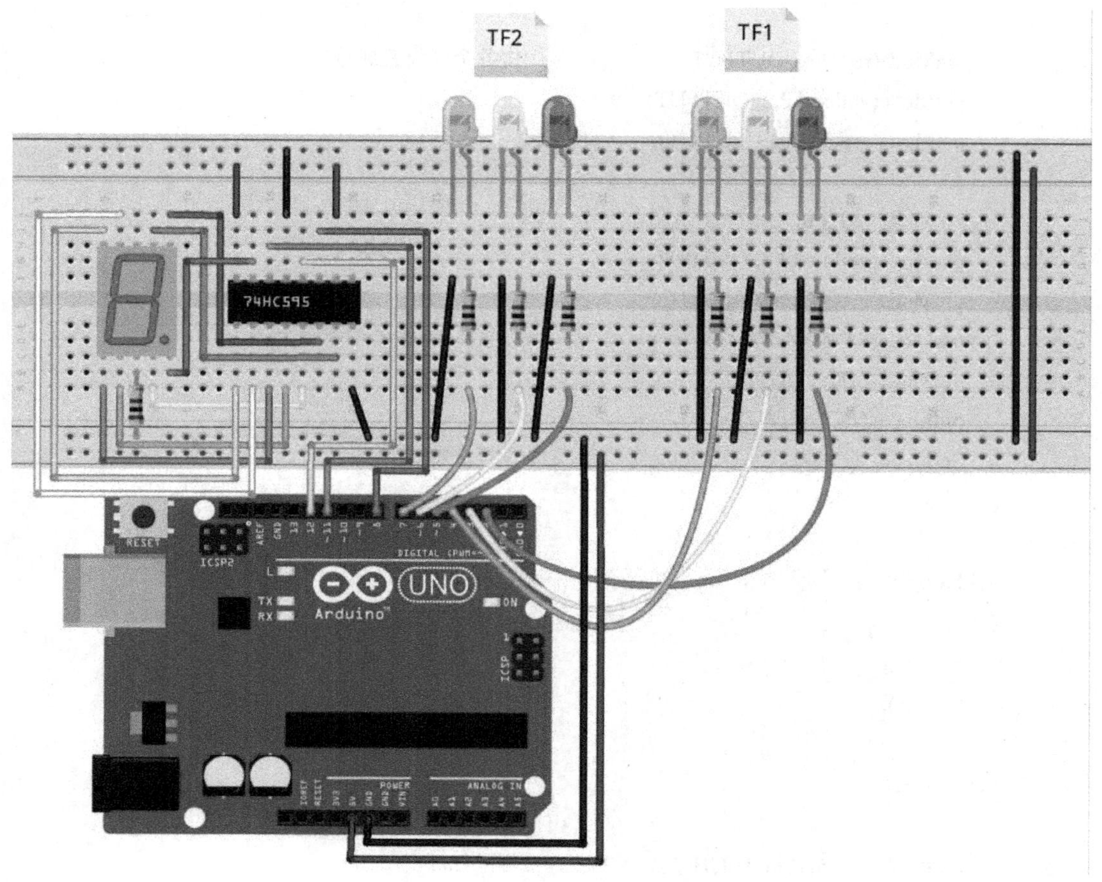

图 2-15　交通灯电路图

程序如下：

```
const int red1Pin = 5;                //定义南北方向的信号灯
const int yellow1Pin = 6;
const int green1Pin = 7;

const int red2Pin = 2;                //定义东西方向的信号灯
```

```
const int yellow2Pin = 3;
const int green2Pin = 4;

const int STcp = 12;                              //连接到 74HC595 的 ST_CP
const int SHcp = 8;                               //连接到 74HC595 的 SH_CP
const int DS = 11;                                //连接到 74HC595 的 DS
//显示 1, 2, 3, 4, 5, 6, 7, 8, 9
int datArray[16] = {96, 218, 242, 102, 182, 190, 224, 254, 246};

void setup()
{
    pinMode(red1Pin, OUTPUT);                     //将各个灯设置成输出
    pinMode(yellow1Pin, OUTPUT);
    pinMode(green1Pin, OUTPUT);

    pinMode(red2Pin, OUTPUT);
    pinMode(yellow2Pin, OUTPUT);
    pinMode(green2Pin, OUTPUT);
    pinMode(STcp, OUTPUT);                        //设置 74HC595 使能端为输出
    pinMode(SHcp, OUTPUT);
    pinMode(DS, OUTPUT);
    Serial.begin(9600);                           //设置波特率
}

void loop()
{
    State1();
    State2();
}
void State1()
{
    digitalWrite(red1Pin, HIGH);                  //打开红灯
    for(int num = 8; num >=0; num--)              //倒计时 9、8、…、1，打开绿灯
    {
        digitalWrite(green2Pin, HIGH);
        digitalWrite(STcp, LOW);                  //ST_CP 拉低
        shiftOut(DS, SHcp, MSBFIRST, datArray[num]);
        digitalWrite(STcp, HIGH);                 //ST_CP 拉高保存数据
        delay(1000);                              //延时 1 s
```

```
    }
    digitalWrite(green2Pin, LOW);                //打开绿灯
    for(int num = 2; num >=0; num--)             //倒计时 3、2、1，打开黄灯
    {
        digitalWrite(yellow2Pin, HIGH);
        digitalWrite(STcp, LOW);                 //ST_CP 拉低
        shiftOut(DS, SHcp, MSBFIRST, datArray[num]);
        digitalWrite(STcp, HIGH);                //ST_CP 拉高保存数据
        delay(1000);                             //延时 1 s
    }
    digitalWrite(yellow2Pin, LOW);               //关闭黄灯
    digitalWrite(red1Pin, LOW);                  //关闭红灯
}
void State2()
{
    digitalWrite(red2Pin, HIGH);
    for(int num = 8; num >=0; num--)
    {
        digitalWrite(green1Pin, HIGH);
        digitalWrite(STcp, LOW);
        shiftOut(DS, SHcp, MSBFIRST, datArray[num]);
        digitalWrite(STcp, HIGH);
        delay(1000);
    }
    digitalWrite(green1Pin, LOW);
    for(int num = 2; num >= 0; num--)
    {
        digitalWrite(yellow1Pin, HIGH);
        digitalWrite(STcp, LOW);
        shiftOut(DS, SHcp, MSBFIRST, datArray[num]);
        digitalWrite(STcp, HIGH);
        delay(1000);
    }
    digitalWrite(yellow1Pin, LOW);
    digitalWrite(red2Pin, LOW);
}
```

上传完成几秒后，可以看到与现在的交通信号灯类似。首先，7 段数码管从 9 s 开始倒计时，TF1 中的红灯和 TF2 中的绿灯亮起，然后它从 3 开始倒计时，当黄色亮起

时 TF2 中的绿色 LED 熄灭，TF1 红灯仍然亮着；3 s 后，7 段数码管再次从 9 s 开始倒计时，同时，TF2 中的红灯和 TF1 中的绿灯亮起；9 s 后，它从 3 s 开始倒计时，TF1 中的黄灯亮起，TF2 中的红灯亮。这会像交通信号灯那样一遍又一遍地重复执行。交通灯实物图如图 2-16 所示。

图 2-16　交通灯实物图

第二篇　Arduino 演练

第三章　Arduino 基本示例

通过前两章的学习，我们可以编写一些简单的程序。本章将继续利用 Arduino 做更多有趣的实验，从中掌握 Arduino 对各类传感器、显示器、测距模块、电动机、数码管的控制使用，更深入地学习 Arduino 编程语言和技巧。

本章学习目标

➢ 温湿度传感器的使用；
➢ 运动传感器；
➢ 液晶显示器的使用；
➢ 超声波测距；
➢ 简易电子琴；
➢ 驱动电机；
➢ 驱动数码管；
➢ 矩阵键盘的使用；
➢ 数字骰子。

3.1　温度和湿度的检测

3.1.1　DHT11 模块简介

DHT11 是一款有已校准数字信号输出的温湿度传感器，其湿度精度为±5%RH，温度精度为±2℃，量程湿度为 20%～90%RH，温度为 0～50℃。DHT11 应用专用的数字模块采集技术和温湿度传感技术，确保产品具有极高的可靠性和长期的稳定性。传感器包括一个电阻式感湿元件和一个 NTC 测温元件，并与一个高性能 8 位单片机相连接，因此该产品具有品质卓越、超快响应、抗干扰能力强、性价比极高等优点。每个 DHT11 传感器都在极为精确的湿度校验室中进行校准，校准系数以程序的形式存在 OTP(One Time Programmable)内存中，传感器内部在检测信号的处理过程中要调用这些校准系数。单线制串行接口使系统集成变得简易快捷；超小的体积、极低的功耗使 DHT11 成为苛刻应用场合的最佳选择。DHT11 为 4 针单排管脚封装，连接方便，如图 3-1 所示。

图 3-1　DHT11 温湿度传感器

3.1.2　电路的连接

DHT11 和 Arduino 的连接中，第三脚为空脚，不接；第一、四脚分别接电源和地；在 VCC 和数据管脚之间连接一个 10 kΩ 的电阻，作为数据线的上拉电阻，再把数据管脚接到 Arduino 的 D3 管脚。电路的连接如图 3-2 所示。

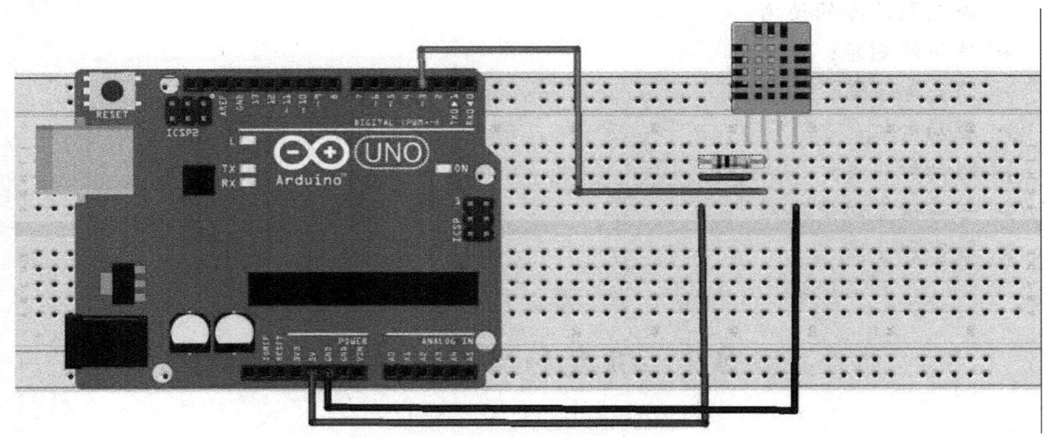

图 3-2　DHT11 和 Arduino 的连接

3.1.3　程序的编写

温湿度程序如下：

```
#include<dht.h>
dht DHT;
#define DHT11_PIN 3

void setup()
{
    Serial.begin(9600);
```

```
    Serial.println("The real time Temperature and Humidity is:");
}

void loop()
{  //读入数据，
    int chk = DHT.read11(DHT11_PIN);
    Serial.print(" Humidity: " );
    Serial.print(DHT.humidity, 1);
    Serial.println('%');
    Serial.print(" Temparature ");
    Serial.print(DHT.temperature, 1);
    Serial.println('C');
    delay(2000);
}
```

运行结果如图 3-3 所示。在程序上传完成后几秒，打开串行监视器，可以看到湿度和温度读数以 s 为单位显示出来，需要确保选择正确的端口和波特率。

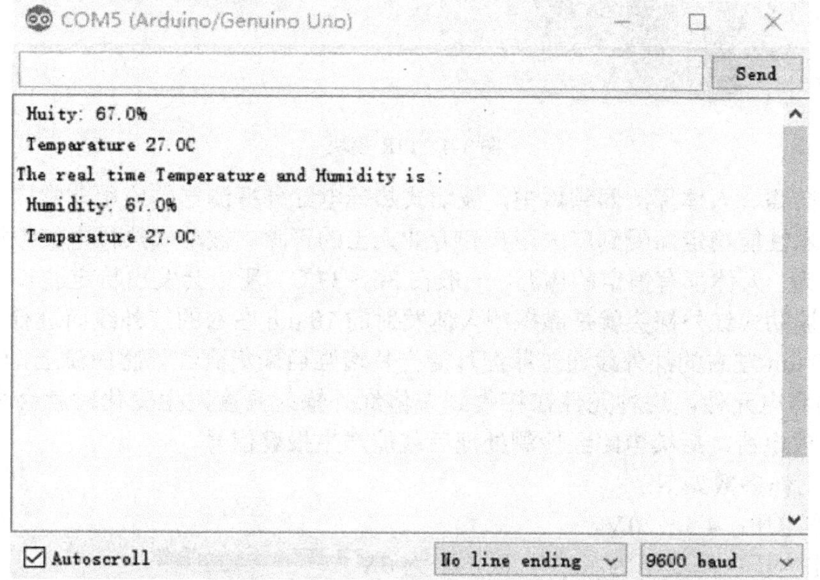

图 3-3　温湿度程序运行结果

3.2　Arduino 和运动传感器的连接

3.2.1　运动传感器简介

顾名思义，运动传感器就是能够探测人或物体运动的装置。在大多数应用中，这些传感器用于在特定区域内探测人的活动。作为一种能够将其感应到的运动转换为电信号的装置，该传感器要么发射辐射并监控其反射回来的任何变化，要么获取运动物体本身发出的信号。某些运动传感器会在人或其他物体入侵而打破正常状态(即静止)时报警，也有的会在入侵之后恢复正常状态时报警。

运动传感器分为主动式红外线(AIR)传感器或被动式红外线(PIR)传感器。对于这两种传感器，被动式红外线传感器是目前为止最常用的传感器，其被认为是被动的原因是它们并不发射辐射束来测量其是否被打断，而只是接收体温形式的红外线。图 3-4 所示为 PIR 模块。

图 3-4　PIR 模块

在电子防盗、人体探测器领域中，被动式热释电红外探测器的应用非常广泛，因其价格低廉、技术性能稳定而受到广大用户和专业人士的青睐。被动式热释电红外探头的工作原理及特性为：人体都有恒定的体温，一般在 36～37℃，所以会发出特定波长 10 μm 左右的红外线，被动式红外探头就是靠探测人体发射的 10 μm 左右的红外线而进行工作的。人体发射的 10 μm 左右的红外线通过菲涅耳滤光片增强后聚集到红外感应源上，红外感应源通常采用热释电元件，这种元件在接收到人体红外辐射温度发生变化时就会失去电荷平衡，向外释放电荷，后续电路经检测处理后就能产生报警信号。

PIR 的工作参数如下：

- 工作电压：4.5～20 V。
- 输出电压：高电平为 3.3 V，低电平为 0 V。
- 探测角度：约 120°。
- 范围：可调，最大到 7 m。
- 触发方式：低电平不可重复触发，高电平可重复触发(默认)。
- 高电平停留时间：5 s～5 min 可调。
- 工作温度：−20～+ 80℃。
- 重量：6 g。

PIR 主要由热释电传感器(圆形金属中心具有的矩形晶体)组成，可以检测红外辐射水平，如图 3-5 所示。

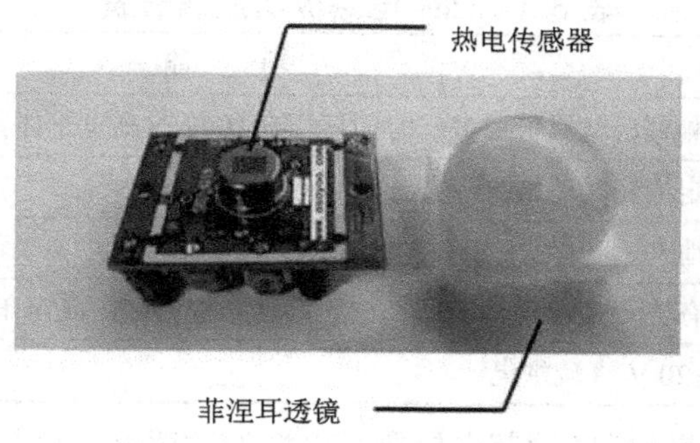

图 3-5　PIR 内部结构

一切物体都会或多或少发出辐射，而越热的物体辐射越多，因此将该传感器放置在多面透镜(菲涅耳透镜)的后面，该透镜将世界的视野“切割”成较小的可见度，从而显著扩大了有用的观察和检测角度。一旦检测到人的存在，传感器就会输出一个 5 V 的信号，持续 1 min，它提供了约 5～7 m 的检测范围，并且非常灵敏。PIR 的检测原理如图 3-6 所示。

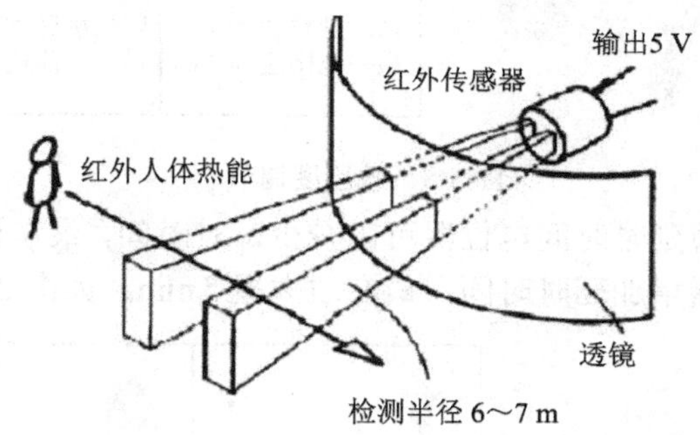

图 3-6　PIR 检测原理图

PIR 电路板结构如图 3-7 所示，其功能调节表如表 3-1 所示。

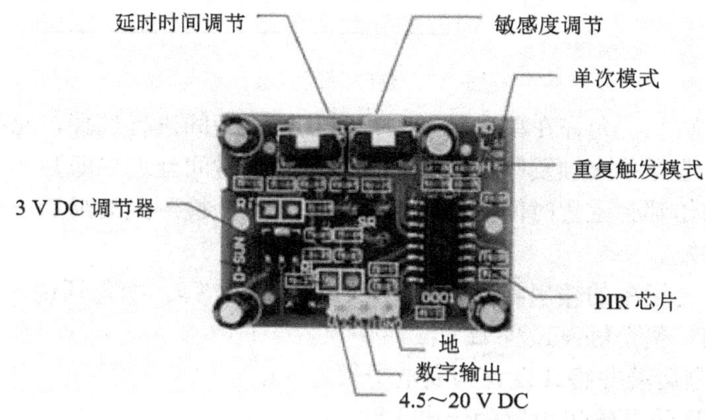

图 3-7　PIR 电路板结构

表 3-1　PIR 电路板功能调节表

管　脚	功　能
延时时间调节	检测到运动后输出多长时间停留在高电平(高电平停留时间为 5 s～5 min)
敏感度调节	设定检测的范围(3～7 m)
接地端	接地
数字输出管脚	没有检测到运动输出低，检测到运动输出高，高电平 3.3 V
电源端	4～20 V 直流供电

逆时针或者往左调节敏感度调节电位器可以增加敏感度，最左边距离大概是 7 m；顺时针调节或者往右可以减少敏感度，最右边距离大概是 3 m，如图 3-8 所示。

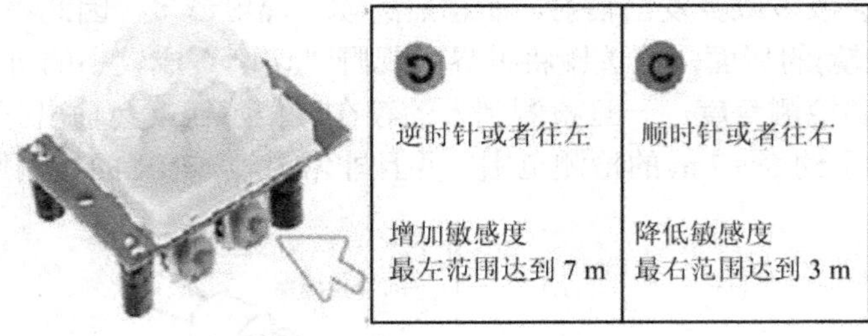

图 3-8　敏感度调节

逆时针或者往左调节延时时间电位器可以减少延时时间，最左边大概 5 s；顺时针或者往右调节延时时间电位器增加延时时间，最右边大概 5 min，如图 3-9 所示。

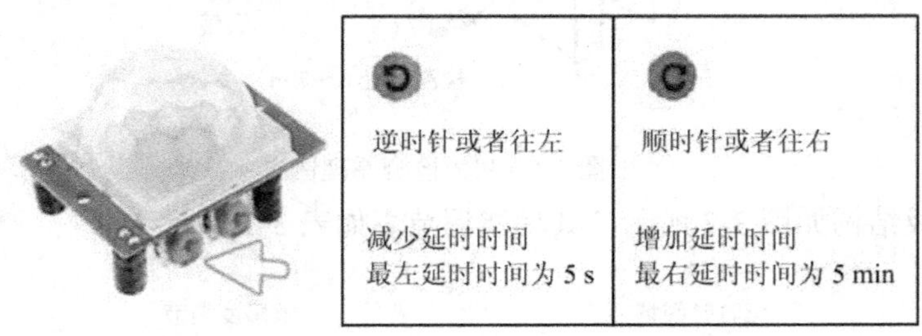

图 3-9　延时时间调节

触发方式选择跳线，允许在单次触发和可重复触发之间进行选择，此跳线设置是确定延迟开始的时间。选择单次触发则首次检测到运动时，时间延迟立即开始；选择可重复触发则每次检测到动作都会重置时间延迟，因此时间延迟从检测到的最后一个动作开始。默认选择为可重复触发。

延时完成后，此设备的输出将变为低电平(或关闭)约 3 s。换句话说，在这 3 s 时间内阻止所有运动检测。整个触发过程如下：

(1) PIR 将检测运动并将其设置为高电平长达 5 s。

(2) 5 s 后，PIR 将其输出设置为低电平约 3 s。

(3) 在 3 s 内，PIR 将不会检测到任何运动。

(4) 3 s 后，PIR 将再次检测到运动，检测到的运动再次将输出设置为高电平，输出将保持开启，具体取决于延迟时间调整和触发模式选择。

图 3-10 为继电器结构示意图。部分管脚说明如下：

地：将该管脚连接到 0 V。

信号：控制此继电器，低电平有效。当此输入低于约 2.0 V 时，继电器将打开。

电源：将此管脚连接到 5 V。

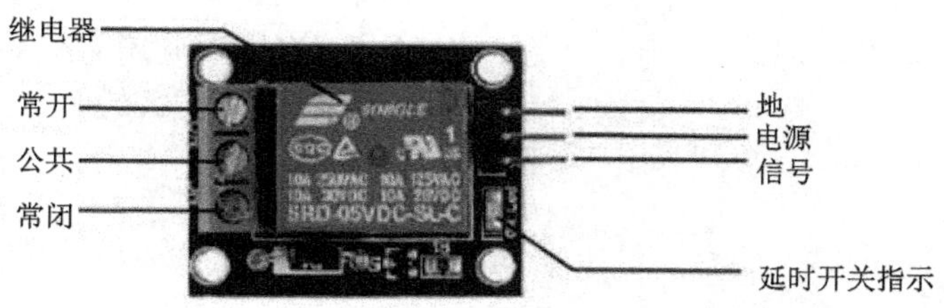

图 3-10　继电器结构示意图

3.2.2　电路设计

先完成硬件电路的设计，将被动式红外传感器信号输出端连接到 Arduino 的 D2 管脚，再分别接上电源和地；将继电器的信号输出端连接到 Arduino 的 D3 管脚，再连接电源和地，继电器的常开和常闭输出端可以连接到控制器电路中驱动额定电流较大的负载。图 3-11 所示为 PIR 与 Arduino 硬件电路连接图。

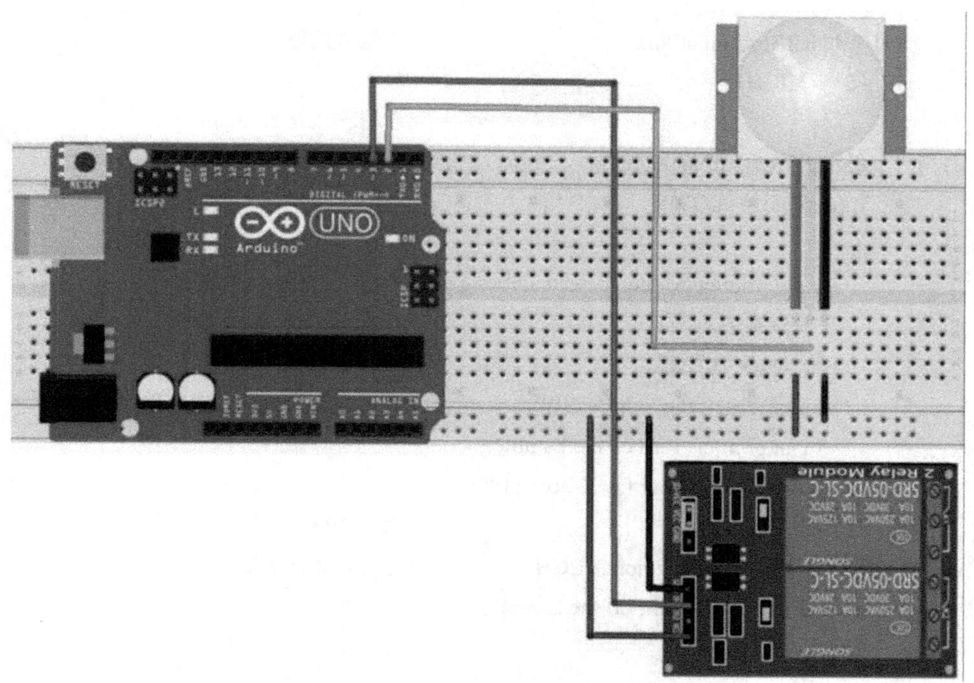

图 3-11　PIR 与 Arduino 硬件电路连接图

PIR 输出端连接到 Arduino 的 D2，继电器的输出端连接到 Arduino 的 D3。

3.2.3 程序的编写

运动传感器程序如下：

```
int ledPin = 13;                    //选择 LED 输出为 13 脚
int relayInput = 3;                 //选择的继电器输出为 3 脚
int inputPin = 2;                   // PIR 输入为 2 脚
int pirState = LOW;                 //开始并没有侦测到动作，初始值为低
int val = 0;                        //设定变量读入管脚状态

void setup()
{
    pinMode(ledPin, OUTPUT);            // LED 为输出
    pinMode(inputPin, INPUT);           // PIR 为输入
    pinMode(relayInput, OUTPUT);        //继电器为输出
    digitalWrite(relayInput, HIGH);     //继电器开始并没有工作，设定为高
    Serial.begin(9600);
}

void loop()
{
    val = digitalRead(inputPin);                //读输入的值
    if (val == HIGH)
    {                                           //看看输入是否为高电平
        digitalWrite(ledPin, HIGH);             //打开 LED
        if (pirState == LOW)
        {
            Serial.println("Motion detected!");
            //侦测到输入
            pirState = HIGH;
            digitalWrite(relayInput, LOW);      //继电器输出为低，继电器动作
            Serial.println("Turn on the Lamp!");
            Serial.println("Wait for 10 seconds");
            delay(10000);                       //等待 10 s
            digitalWrite(relayInput, HIGH);     //继电器输入为高
            Serial.println("Turn off the Lamp!");
        }
    }
    else
    {
```

```
        digitalWrite(ledPin, LOW);                    //关闭 LED
        if (pirState == HIGH)
        {
            Serial.println("Motion ended!");
            //输入停止
            pirState = LOW;
        }
    }
}
```

图 3-12 所示为运动传感器与 Arduino 连接实物图。

图 3-12　运动传感器与 Arduino 连接实物图

3.3　Arduino 驱动液晶显示器的连接

3.3.1　液晶显示器

在 Arduino 的很多项目中，需要直接从 LCD 显示屏输出数据。在本例中，我们将展示如何使用 I2C(通常也写作 IIC 或 I^2C)通信在 Arduino 上驱动 LCD 显示屏，最后在显示器上显示文本。

LCD 显示器的集成大大方便了项目的设计，它允许用户显示一些输出值，这些值可以是传感器数据，例如温度或压力，甚至是 Arduino 正在执行的循环次数。然而，这些显示器有一个小问题，当它们连接到 Arduino 时，这些显示器几乎会占用所有可用的 I/O 口，只把极少的输出留给其他设备和传感器。但是如果使用 I2C 总线的通信，这个问题就可以解决了。

LCD1602 显示器具有集成芯片，用于管理 I2C 通信，所有输入和输出信息仅限于两个管脚(不包括电源)。I2C 是由飞利浦开发的一种串行总线，它使用两条双向线路，称为 SDA(串行数据线)和 SCL(串行时钟线)，两者都必须通过上拉电阻连接，使用电压标准为

5 V 和 3.3 V。

I2C LCD1602 背面的蓝色电位器用于调整对比度以获得更好的显示效果。如果取下背光跳线，则背光将被关闭。液晶显示器如图 3-13 所示。

图 3-13　液晶显示器

3.3.2　电路连接

在编写软件之前，需要先进行电路的连接。Arduino 与 LCD 的接线如表 3-2 所示，其电路连接如图 3-14 所示。

表 3-2　Arduino 与 LCD 的接线

Arduino	LCD1602
GND	GND
5 V	VCC
A4	SDA
A5	SCL

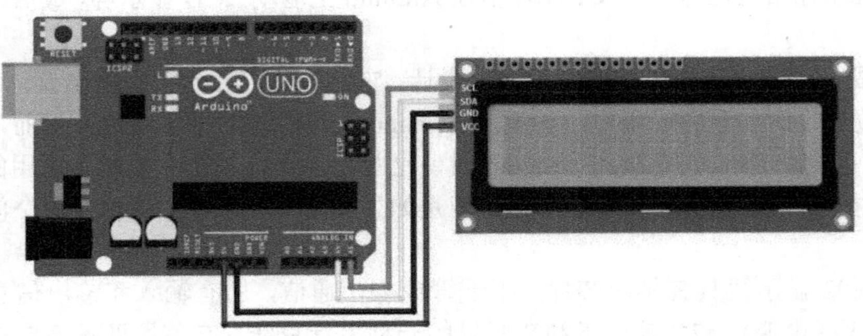

图 3-14　Arduino 与 LCD 电路连接图

3.3.3　寻找 I2C 地址

每个 I2C 设备都有一个 I2C 地址，用于接收命令或发送消息，这个地址通常是 0x27，但有时地址也可能会变为 0x37、0x24……，因此需要去寻找自己设备上是哪一个地址。

加载 scanI2Caddress 文件到 Arduino IDE 并运行，通过右上角的串口监视可以看到地址，大多数 Arduino 电路板将显示 0x27，但也有可能是其他的地址，如图 3-15 所示。

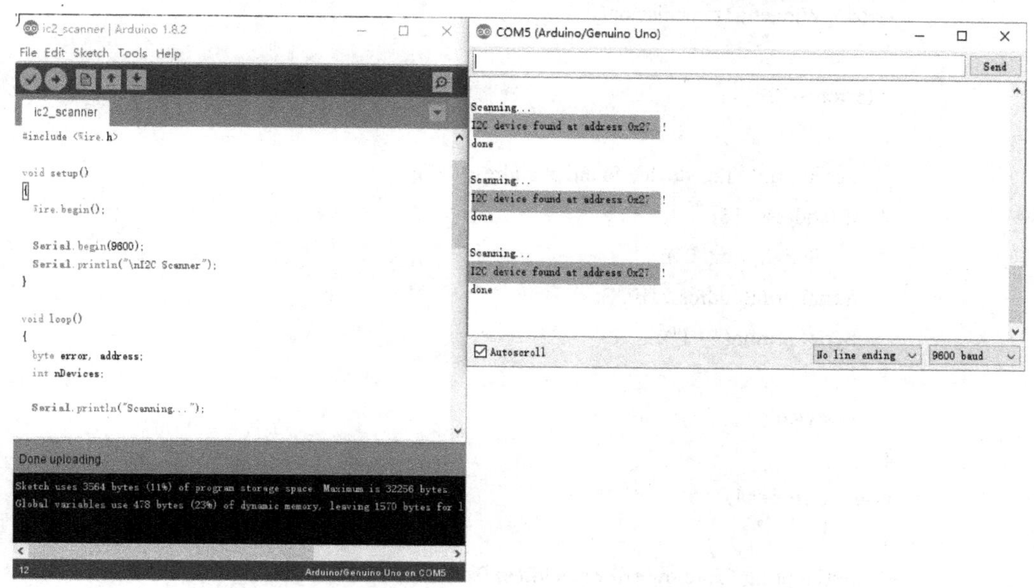

图 3-15　寻找地址

scanI2Caddress 程序如下：

```
#include <Wire.h>

void setup()
{
    Wire.begin();

    Serial.begin(9600);
    Serial.println("\nI2C Scanner");
}

void loop()
{
    byte error, address;
    int nDevices;
```

```
  Serial.println("Scanning...");

  nDevices = 0;
  for(address = 1; address < 127; address++ )
  {
    Wire.beginTransmission(address);
    error = Wire.endTransmission();

    if (error == 0)
    {
      Serial.print("I2C device found at address 0x");
      if (address<16)
        Serial.print("0");
      Serial.print(address, HEX);
      Serial.println("  !");

      nDevices++;
    }
    else if (error==4)
    {
      Serial.print("Unknow error at address 0x");
      if (address<16)
        Serial.print("0");
      Serial.println(address, HEX);
    }
  }
  if (nDevices == 0)
    Serial.println("No I2C devices found\n");
  else
    Serial.println("done\n");
  delay(5000);
}
```

以上操作完成后，使用 USB 电缆连接 Arduino 板到电脑，绿色的电源指示灯将打开。

3.3.4　安装库文件

使用 I2C 协议的 LCD 液晶显示器，有一个特殊的库被下载并包含在程序里，这个库的名字是 Liquid Crystal I2C。下载库 ZIP 文件，并解压安装在 Arduino IDE 中，可以从 Arduino IDE 中安装 ZIP 文件，在菜单中选择“Sketch”→“Include Library”→“Add .ZIP

Library…”，如图 3-16 所示。

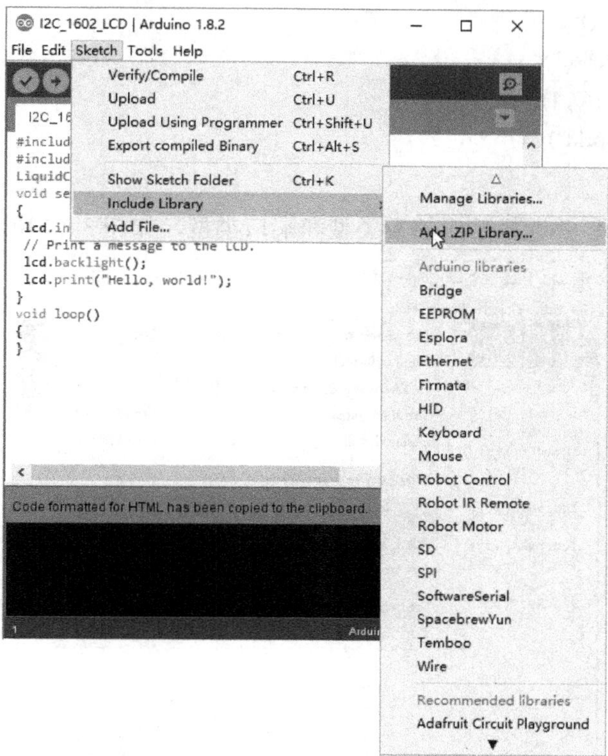

图 3-16　安装库文件

拓展问题：如何删除已经安装的库文件？

3.3.5　程序的编写

液晶显示器程序如下：

```
#include <Wire.h>
#include <LiquidCrystal_I2C.h>

LiquidCrystal_I2C lcd(0x27, 16, 2);          //先运行程序找到 I2C 的地址

void setup()
{
    lcd.init();              }               //初始化 LCD

void loop()
{
    lcd.setCursor(0, 0);                     //设置光标在第一行
```

```
    //打印一条信息到 LCD
    lcd.backlight();
    lcd.print("Hello!");
    lcd.setCursor(0, 1);
    lcd.print("world");
}
```

打开 Arduino IDE 并选择相应的板类型和端口类型，如图 3-17 所示。

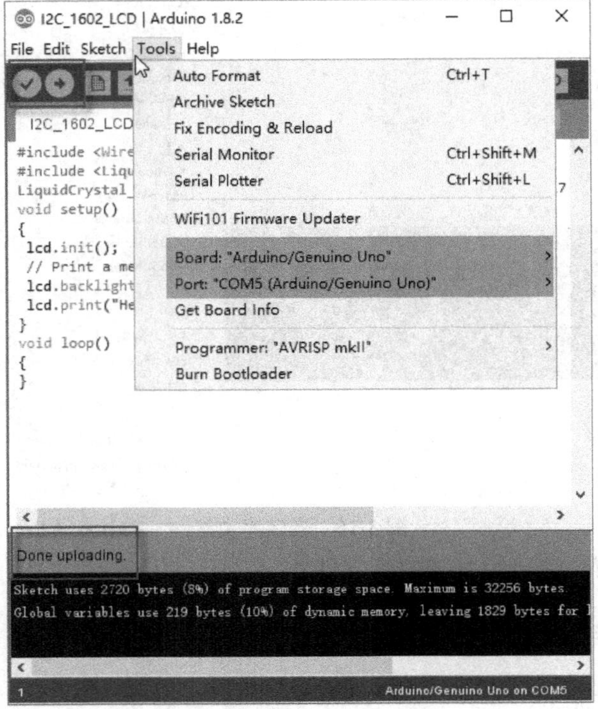

图 3-17　选择板子和端口

编译完程序后，只需点击“upload”按钮，等待几秒，就可以看到 RX 和 TX 灯闪烁。如果上传成功，完成上传的信息“Done uploading.”将出现在状态栏。LCD 实物图如图 3-18 所示。

图 3-18　LCD 实物图

3.3.6　拓展实验

在这个实验中，连接 Arduino 和 I2C 液晶显示并打印两行文字。第一行将显示"Hello all!"，第二行显示"Welcome to www.njcit.cn"，电路板和端口类型设置与上面的示例相同。

液晶显示器拓展实验程序如下：

```
#include <Wire.h>
#include <LiquidCrystal_I2C.h>

char array1[]=" Hello all! ";                  //打印在 LCD 上的字符串
char array2[]="Welcome to njcit.cn ";          //打印在 LCD 上的字符串

int tim = 500;                                 //延时的时间
//初始化库的接口地址
LiquidCrystal_I2C lcd(0x27, 16, 2);            //设定 LCD 地址为 0x27，16 个字符，两行显示

void setup()
{
  lcd.init();                                  //初始化 LCD
  lcd.backlight();                             //打开背光
}

void loop()
{
  lcd.setCursor(15, 0);                        //设置光标到 0 行，15 列
  for (int positionCounter1 = 0;
     positionCounter1 < 26; positionCounter1++)
  {
     lcd.scrollDisplayLeft();                  //显示内容向左边滚动
     lcd.print(array1[positionCounter1]);      //打印 array1 到 LCD
     delay(tim);                               //等待 500 μs
  }
  lcd.clear();                                 //清屏把光标设置在左上角
  lcd.setCursor(15, 1);                        //设置光标到 15 列 1 行
  for (int positionCounter = 0; positionCounter < 26; positionCounter++)
  {
     lcd.scrollDisplayLeft();                  //显示内容向左边滚动
     lcd.print(array2[positionCounter]);       //打印 array2 到 LCD
     delay(tim);                               //等待 500 μs
```

```
    }
    lcd.clear();                         //清屏把光标设置在左上角
}
```

3.4 超声波测距模块

超声波传感器发出一个高频声波脉冲，根据声音的回波反射时间来测量距离。传感器的前端有两个圆柱体，一个发射超声波，另一个接收回波。如图 3-19 所示。在本例中将介绍 HC-SR04 超声波传感器的工作原理，以及如何使用它和 Arduino 来测量距离。

图 3-19　超声波传感器 HC-SR04

3.4.1 超声波传感器 HC-SR04

1. 产品特点

HC-SR04 超声波测距模块可提供 2～400 cm 的非接触式距离感测功能，测距精度可达 3 mm，模块包括超声波发射器、接收器与控制电路。

2. 基本工作原理

(1) 采用 I/O 口 TRIG 触发测距，给 TRIG 端口最少 10 μs 的高电平信号。

(2) 模块自动发送 8 个 40 kHz 的方波，自动检测是否有信号返回。

(3) 若有信号返回，则通过 I/O 口 ECHO 输出一个高电平，高电平持续的时间就是超声波从发射到返回的时间。

超声波的工作原理如图 3-20 所示。

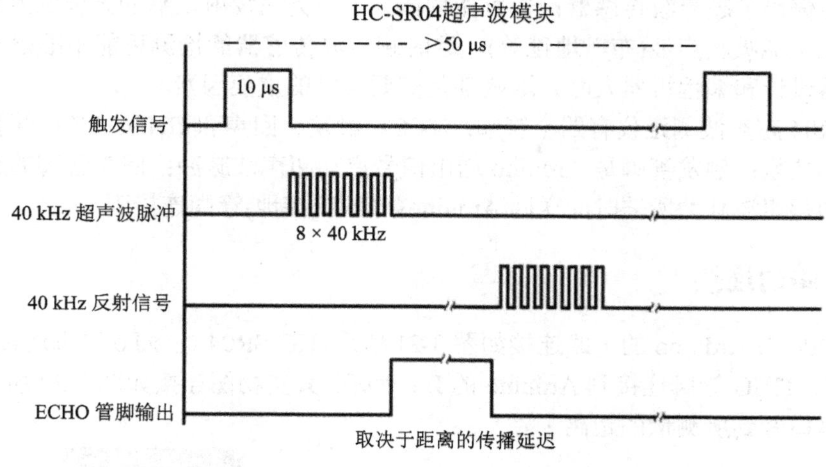

图 3-20　超声波工作原理图

3. 电气参数

- 工作电压：DC 5 V。
- 工作电流：15 mA。
- 工作频率：40 kHz。
- 最远射程：4 m。
- 最近射程：2 cm。
- 测量角度：15°。
- 输入触发信号：10 μs 的 TTL 脉冲。
- 输出回响信号：输出 TTL 电平信号，与射程成比例。
- 规格尺寸：45 mm × 20 mm × 15 mm。

3.4.2　超声波传感器测距原理

可以利用声速来计算到障碍物的距离，因为已经知道声音在空气中的传播速度约为 344 m/s，可以用声波往返时间乘以 344 m，得到声波的总往返距离，然后除以 2 就是到障碍物的距离，即

$$\text{到障碍物的距离} = \frac{\text{声速} \times \text{往返时间}}{2}$$

往返时间等于回声脉冲的宽度，单位是 μs；距离= $\frac{\text{时间}}{58}$ (以厘米计算)或距离= $\frac{\text{时间}}{148}$ (以英寸计算)。

声音在空气中的传播速度会随着温度和湿度的改变而改变，因此超声波传感器的精度也受温度和湿度的影响。不过，在本书和很多传感器的项目实践中，这种精度的变化可以忽略不计。

但是超声波传感器无法测量某些物体，这是因为某些物体的形状或位置使声波从物体

上反弹，但偏离了超声波传感器；也可能物体太小，无法反射足够的声波回到传感器上。其他物体如果能吸收声波(布、地毯等)，这时超声波传感器的检测可能不准确。在使用超声波传感器设计和编程机器人时，这些都是需要考虑的重要因素。

HC-SR04 超声波测距仪有四个管脚：VCC、触发、回声和 GND。VCC 管脚提供产生超声脉冲的能量；触发管脚是 Arduino 送出信号启动超声波脉冲；回声管脚的超声波测距仪把收到的超声波脉冲所需时间送回 Arduino；GND(接地)管脚连接到地。

3.4.3 电路的连接

HC-SR04 与 Arduino 的电路连接如图 3-21 所示，HC-SR04 的 echo 管脚连接到 Arduino 的 D2 管脚，TRIG 管脚连接到 Arduino 的 D3 管脚。其实物图连接如图 3-22 所示。实验中就可以在串口看到所测量的距离了。

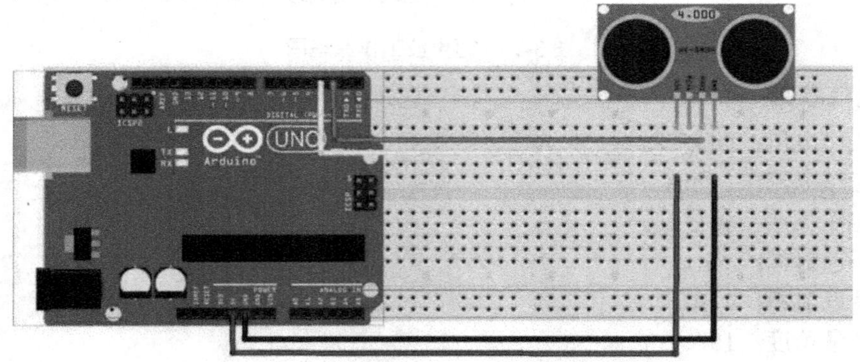

图 3-21　HC-SR04 与 Arduino 连接图

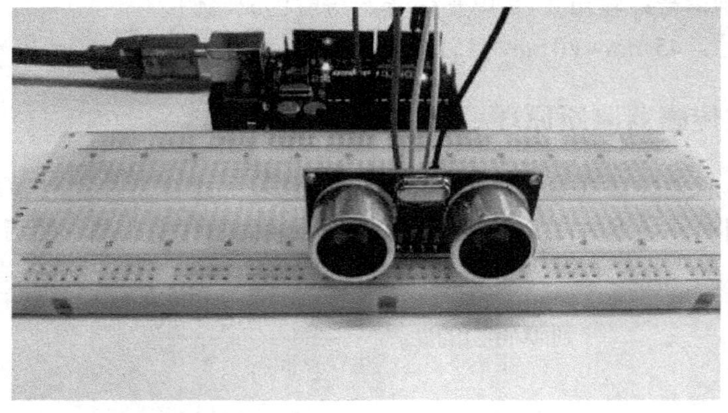

图 3-22　HC-SR04 与 Arduino 连接实物图

3.4.4 程序的编写

超声波测距程序如下：

```
#define echoPin 2                //定义回声管脚
#define trigPin 3                //定义触发管脚
```

```
void setup()
{
    Serial.begin (9600);
    pinMode(trigPin, OUTPUT);                  //设定触发管脚为输出
    pinMode(echoPin, INPUT);                   //设定回声管脚为输入
}

void loop()
{
    float duration, distance;                  //定义往返时间和距离变量为实型数据
    digitalWrite(trigPin, LOW);                //先给触发管脚低电平
    delayMicroseconds(2);                      //延时 2 μs

    digitalWrite(trigPin, HIGH);               //再给触发管脚高电平
    delayMicroseconds(10);                     //延时 10 μs
    digitalWrite(trigPin, LOW);                //再回到低电平

    duration = pulseIn(echoPin, HIGH);
    //用 pulseIn 函数测出往返回声的时间
    distance = (duration / 2) * 0.0344;
    //用公式计算出距离

    if (distance >= 400 || distance <= 2)
    {  //此超声波传感器测量的范围
        Serial.print("Distance = ");
        //把距离打印到串口
        Serial.println("Out of range");
        //超过测量距离显示“out of range”
    }
    else
    {
        Serial.print("Distance = ");
        //打印距离
        Serial.print(distance);
        Serial.println(" cm");
        delay(500);
    }
    delay(500);                                   //延时
}
```

图 3-23 所示为在串口显示器显示的测量距离。

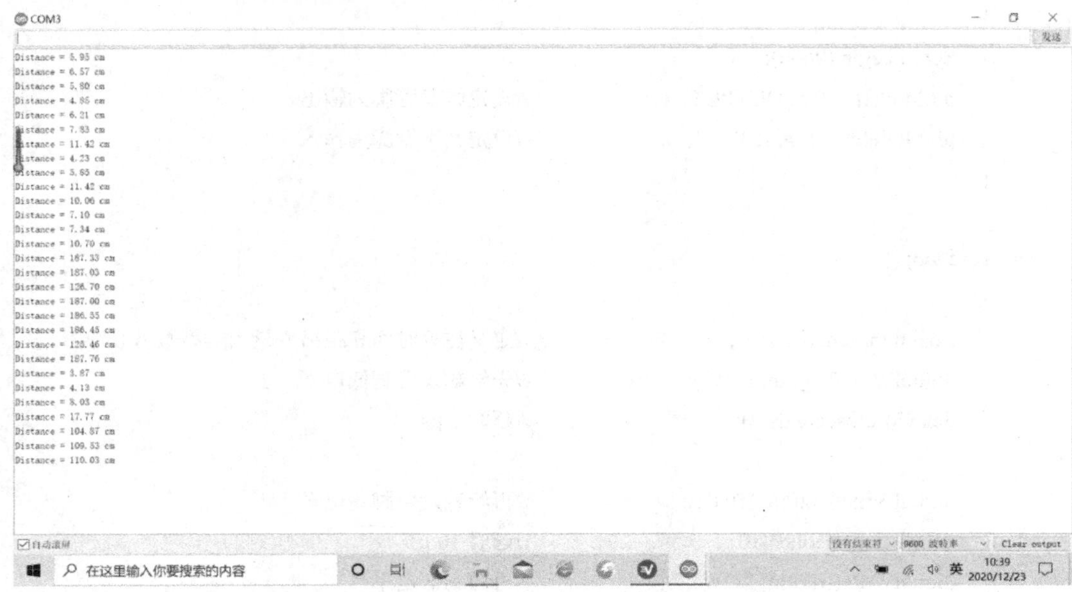

图 3-23　在串口显示出距离

3.4.5　在 LCD 显示器上显示距离

可以按照图 3-24 所示连接线路。其连接实物图如图 3-25 所示。

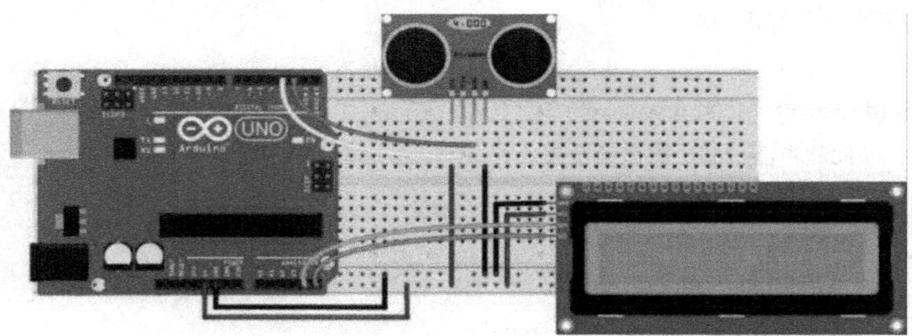

图 3-24　连接 Arduino 板到电脑

图 3-25　HC-SR04 与 Arduino 显示连接实物图

打开 Arduino IDE，选择相应的板型和端口。然后把程序上传到 Arduino。需要提前确保计算机上已经安装了 Liquidcrystal_i2c.h 和 Newping.h 这两个库。

程序如下：

```
#include <Wire.h>
#include <LiquidCrystal_I2C.h>
#include <NewPing.h>                          //装载 NewPing 库
LiquidCrystal_I2C lcd(0x27, 16, 2);           //定义液晶显示器
#define TRIGGER_PIN 3                         //定义触发管脚为 3
#define ECHO_PIN 2                            //定义回声管脚为 2
#define MAX_DISTANCE 400
//定义最大能测量的距离
NewPing sonar(TRIGGER_PIN, ECHO_PIN, MAX_DISTANCE);
//初始化 NewPing 库

void setup()
{
    Serial.begin(115200);                     //打开串口显示器设定速率
    lcd.init();                               //初始化 LCD
    lcd.backlight();                          //打开背光灯
}

void loop()
{
    delay(100);                               //设置延时，等待响应时间
    float uS = sonar.ping();                  //得到相应的时间，单位为 μs.
    Serial.print("Ping: ");
    Serial.print(uS / US_ROUNDTRIP_CM);
    //把时间转变成距离，在串口打印出来
    Serial.println("cm");
    lcd.setCursor(0, 0);                      //在液晶显示器上显示出来
    lcd.print("Distance:");
    lcd.setCursor(0, 1);
    //lcd.print("");
    //lcd.setCursor(4, 1);
    lcd.print(uS / US_ROUNDTRIP_CM);
    lcd.setCursor(6, 1);
    lcd.print("cm");
}
```

3.5 用 Arduino 发出声音——简易电子琴的制作

3.5.1 简易电子琴制作原理

简易电子琴的实现是当按下某一个按钮时电子琴会演奏一定频率的曲调。我们可以从中音的 C、D、E 和 F 开始，它们的频率分别是 262 Hz、294 Hz、330 Hz 和 349 Hz，因此这里需要使用数组。

调声函数 tone()主要用于 Arduino 连接蜂鸣器或者扬声器发声的场合，其实质是可以输出一个频率可调的方波，以此驱动蜂鸣器或扬声器振动发声。

1. tone()

功能：可以让指定管脚产生一个占空比为 50%的指定频率的方波。

语法：

```
tone(pin, frequency)
tone(pin, frequency, duration)
```

参数：

- pin：需要输出方波的管脚。
- frequency：输出的频率，为 unsigned int 型。
- duration：频率持续的时间，单位为 ms。如果没有该参数，Arduino 将持续发出设定的音调，直到改变了发声频率或者使用 notone()函数停止发声。

tone()和 analogWrite()函数都可以输出方波，所不同的是：tone()函数输出方波的占空比固定(50%)，所调节的是方波的频率；而 analogWrite()函数输出的频率固定(约 490 Hz)，所调节的是方波的占空比。

需要注意的是 tone()函数会干扰 3 号和 11 号管脚的 PWM 输出功能，并且同一个时间的 tone()函数仅能作用于一个管脚。如果多个管脚需要使用 tone()函数，必须先使用 notone()函数停止之前已经使用的管脚，再开启下一个管脚。

2. notone()

功能：停止指定管脚上的方波输出。

语法：

```
notone(pin)
```

参数：

- pin：需要停止方波输出的管脚。

返回值：无。

简易电子琴的电路连接实物图如图 3-26 所示，电路原理如图 3-27 所示。

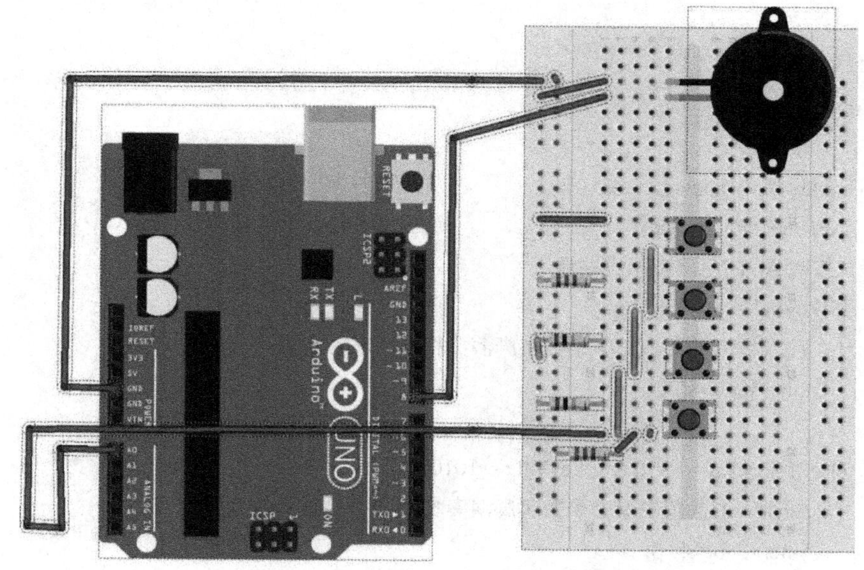

图 3-26　简易电子琴电路连接实物图

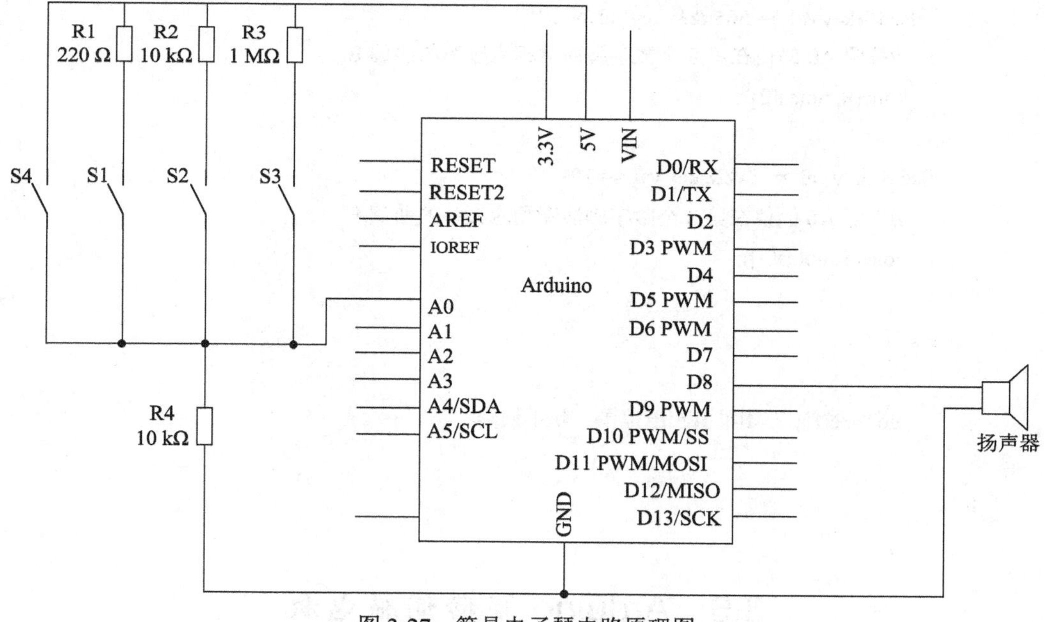

图 3-27　简易电子琴电路原理图

3.5.2　程序的编写

简易电子琴程序如下：

```
int notes[] = {262, 294, 330, 349};                    //设定演奏的频率

void setup() {
    Serial.begin(9600);                                //启动串行通信
```

```
}

void loop()
{
    int keyVal = analogRead(A0);                //设定一个变量存放 A0 输入
    Serial.println(keyVal);                     //A0 的输入送入串口
    //按照 A0 的值演奏相应曲调
    if (keyVal == 1023)
    {  //按照 A0 的值在第 8 个数字脚演奏相应频率的曲调 C
        tone(8, notes[0]);
    }
    else if (keyVal >= 990 && keyVal <= 1010)
    {  //按照 A0 的值在第 8 个数字脚演奏相应频率的曲调 D
        tone(8, notes[1]);
    }
     else if (keyVal >= 505 && keyVal <= 515)
    {  //按照 A0 的值在第 8 个数字脚演奏相应频率的曲调 E
        tone(8, notes[2]);
    }
    else if (keyVal >= 5 && keyVal <= 10)
    {  //按照 A0 的值在第 8 个数字脚演奏相应频率的曲调 F
        tone(8, notes[3]);
    }
    else
    {
        noTone(8); // 如果值超出范围，就不演奏
    }
}
```

3.6 Arduino 驱动伺服电机

3.6.1 伺服电机

伺服电机是能够转动到指定位置的驱动设备。通常，伺服电机有一个可以转 180° 的伺服臂。用 Arduino 可以驱动一个伺服电机走到指定的位置。伺服电机可以控制轮船和飞机的方向舵，这些都需要控制一定的角度，但并非需要连续旋转。舵机内部由直流电机、位置电位器和驱动反馈电路组成，当需要转到一定角度时，输入信号和标准信号比较，如果反馈位置不是所需要的位置，则电机会朝着需要的方向转动，直到转到指定的位置，电

位器反馈信息促使电机停止转动。伺服电机实物如图 3-28 所示。

图 3-28 伺服电机

3.6.2 伺服电机的工作原理

伺服电机只使用一个输入管脚，电机收到从 Arduino 发出的位置信息会告诉它们要去哪里。在内部，伺服电机有一个电机驱动器和反馈电路，确保伺服臂达到预期的位置。伺服电机在输入管脚上接收到的是一个类似于 PWM 的方波。信号中的每一个周期持续 20 ms，在大多数情况下是低电平。在每个周期的开始，信号到达高电平的时间是 1～2 ms。如果是 1 ms，则代表的是 0°；如果是 2 ms，则代表的是 180°；如果在 1 ms 与 2 ms 之间，则表示的是 0°～180° 的值。这是一个非常可靠的方法。伺服电机的工作原理图如图 3-29 所示。

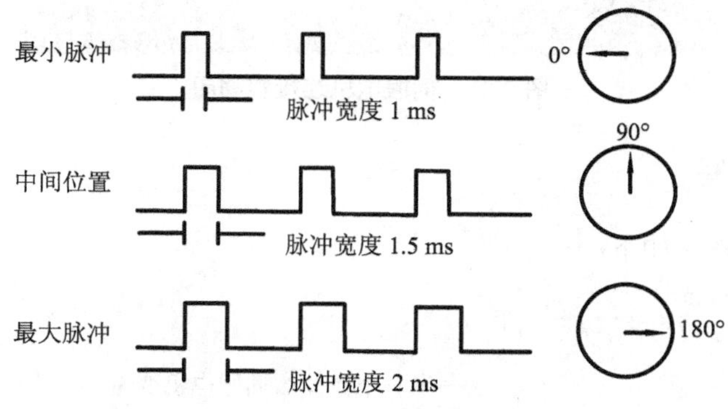

图 3-29 伺服电机工作原理图

你可能会注意到一个异常现象，当 Arduino 插入 USB 供电端口时，电机有点抖动，这是因为伺服驱动需要更多能量，特别是电机启动，使 Arduino 电路板电压下降，因此导致 Arduino 复位。如果发生这种情况，可以通过在 GND 和 5 V 之间添加高值电容(470 μF 或更大)来解决这个问题。

伺服系统由外壳、电路板、无芯电机、齿轮和位置检测单元组成，伺服电机有三根导线。不同伺服电机之间导线颜色不同，红色的引线接 Arduino 的 5 V 管脚，接地线是黑色或棕色的，另一根控制线通常是橙色或黄色的。控制导线连接到 Arduino 的数字管脚 9。伺服电机电路的连接如图 3-30 所示，实物图如图 3-31 所示。

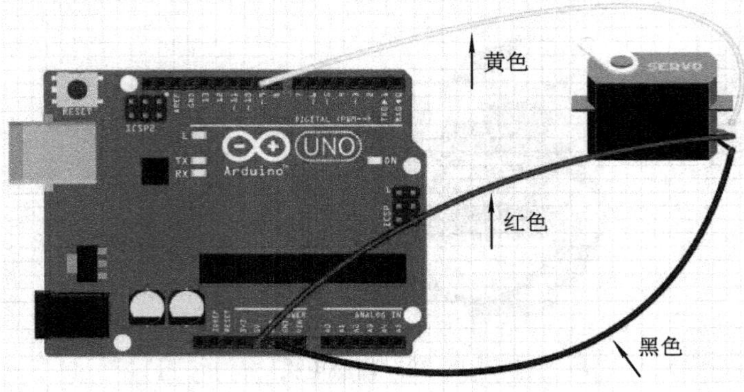

图 3-30　伺服电机电路连接图

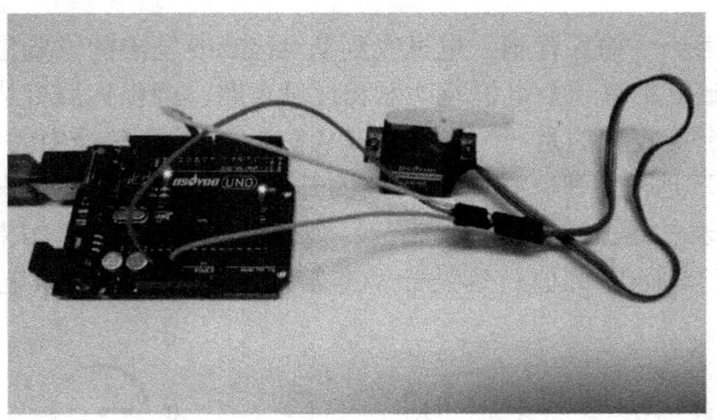

图 3-31　伺服电机连接实物图

3.6.3　程序的编写

伺服电机驱动程序如下：

```
#include <Servo.h>

Servo myservo;                    //产生一个具体的伺服电机变量名
int pos = 0;                      //定义变量存储电机的位置

void setup()
{
    myservo.attach(9);            //连接到第 9 个管脚上
}

void loop()
{
    for (pos = 0; pos <= 180; pos += 1)
```

```
    {  // 0° ～180°
        // 1° 1 步
        myservo.write(pos);            //告诉电机走到 pos 所在位置
        delay(15);
        // 等待 15ms 让伺服电机走到那个位置
    }
    for (pos = 180; pos >= 0; pos -= 1)
    {  // 180° ～0°
        myservo.write(pos);
        // 告诉电机走到 pos 所在位置
        delay(15);
        // 等待 15ms 让伺服电机走到那个位置
    }
}
```

3.6.4　控制伺服电机转动的角度

伺服电机是一种能旋转 180° 的电动机，它是通过 Arduino 板发送脉冲来控制的，这些脉冲会告诉伺服系统应该转动到什么位置。本小节我们控制伺服电机旋转 90° (每 15° 旋转一次)，然后再向相反的方向旋转。其电路的连接不变。程序如下：

```
#include <Servo.h>

Servo myservo;              //定义一个伺服电机 myservo

void setup()
{
    myservo.attach(9);      //把伺服电机连接到第 9 个管脚
    myservo.write(0);       //回到 0°
    delay(1000);            //延时 1 s
}

void loop()
{
    myservo.write(15);      //转到 15°
    delay(1000);            //等待 1 s
    myservo.write(30);      //转到 30°
    delay(1000);            //等待 1 s
    myservo.write(45);      //转到 45°
    delay(1000);            //等待 1 s
```

```
    myservo.write(60);        //转到 60°
    delay(1000);              //等待 1 s
    myservo.write(75);        //转到 75°
    delay(1000);              //等待 1 s
    myservo.write(90);        //转到 90°
    delay(1000);              //等待 1 s
    myservo.write(75);        //回到 75°
    delay(1000);              //等待 1 s
    myservo.write(60);        //回到 60°
    delay(1000);              //等待 1 s
    myservo.write(45);        //回到 45°
    delay(1000);              //等待 1 s
    myservo.write(30);        //回到 30°
    delay(1000);              //等待 1 s
    myservo.write(15);        //回到 15°
    delay(1000);              //等待 1 s
    myservo.write(0);         //回到 0°
    delay(1000);              //等待 1 s
}
```

3.6.5 电路的连接

在电路中增加一个 10 kΩ 的电位器，伺服电机和电位器控制器电路连接如图 3-32 所示。

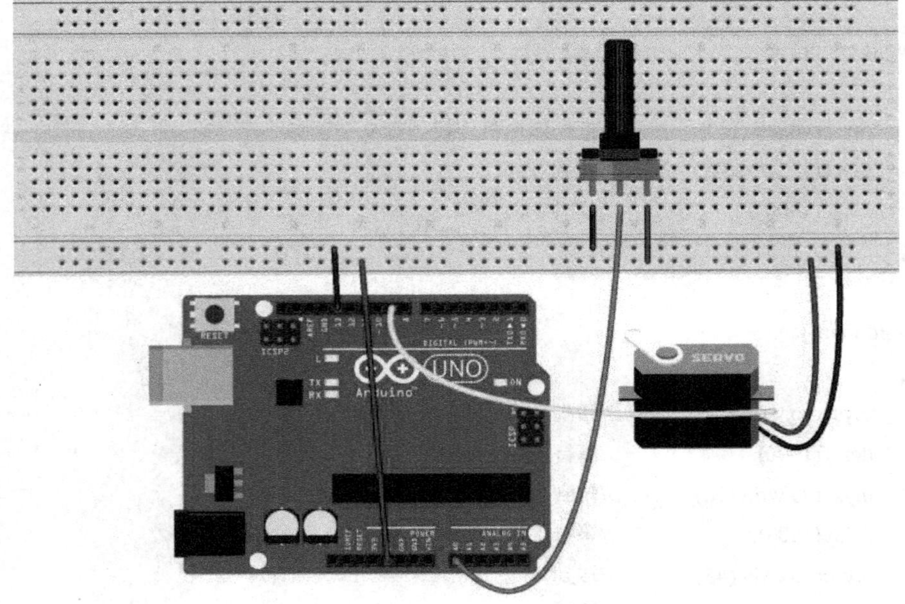

图 3-32　伺服电机和电位器控制器电路连接图

3.6.6　程序的编写

电位器控制伺服电机位置程序如下：

```
#include <Servo.h>
Servo myservo;                  //产生一个具体的伺服电机变量名
int potpin = 0;                 //模拟输入管脚来连接电位器
int val;                        //设置变量读取从模拟管脚来的模拟量

void setup()
{
    myservo.attach(9);          //把伺服电机连接到数字第 9 个管脚
}

void loop()
{
    val = analogRead(potpin);
    //读取从电位器来的模拟量(从 0～1023)
    val = map(val, 0, 1023, 0, 180);
    //把值映射到伺服电机的角度上(0°～180°)
    myservo.write(val);
    //根据伺服电机的位置来设定值
    delay(15);                  //等待伺服电机到那里
}
```

3.7　Arduino 驱动步进电机

步进电机利用的是电磁铁原理将脉冲信号转换为线位移或角位移。每当一个脉冲信号到来，步进电机的输出轴会转动一定的角度，然后带动机械移动一小段距离。也就是说，步进电机可以将一个完整的操作分成多步来完成。

3.7.1　步进电机的工作原理

步进电机的应用是在要求低速但高精度的场合，如打印机的进纸系统。步进电机不同于普通直流电机的连续旋转，它是一步一步旋转的。步进电机是通过脉冲信号控制的，每收到一个控制信号，它就会转过一定的角度，而且它也不同于伺服电机只可以旋转一定的角度，步进电机可以连续旋转。

除了可以连续旋转之外，步进电机与伺服电机的不同之处还在于内部并没有反馈电路。也就是说，它不能自行修正输出，所以其精度并不会像伺服电机那样高，但是可以通过选择不同的型号来满足我们对精度的要求。例如，一些特殊的步进电机每步转过的角度可以小到 0.36°，大的则可以到 90°，而普通的步进电机在 15°～30°。不同的通电方式步进电机的运行方式不同，例如常见的四相步进电机通电方式有单四拍、双四拍和八拍。其中的“单”和“双”表明在同一时刻有几组绕组通电，“拍”表示经过几步完成一次通电循环。

步进电机的工作原理大都相似，实际的步进电机主要有 3 种类型，即单极式步进电机、双极式步进电机和通用步进电机。本节使用的是 28BYJ-48 单极式步进电机和 ULN2003 驱动器，如图 3-33 所示。

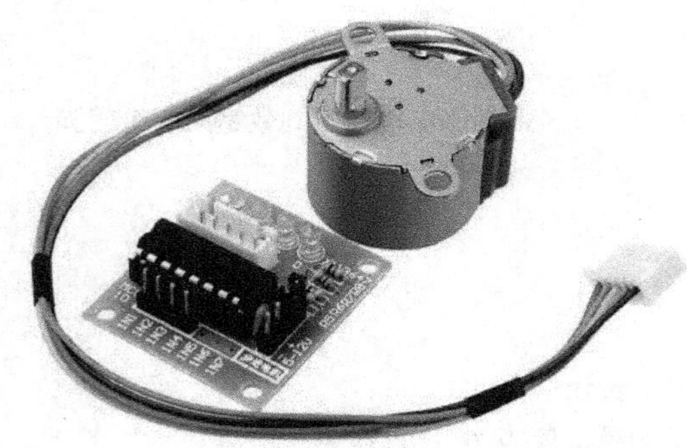

图 3-33　步进电机及其驱动器

3.7.2　步进电路的连接

28BYJ-48 步进电机是一种普及型步进电机，在一些个人制作中非常常见，其型号命名中的 28 表示步进电机的外形尺寸，4 表示绕组数，这种型号的步距角是 5.625°，也就是说，转子旋转一圈最多需要 64 步。28BYJ-48 是单极式步进电机，有 4 组绕组，并且公共接头并联后接出，所以它共有 5 条接线。ULN2003A 是达林顿晶体管阵列组成的 IC，它的输出电压可以达到 50 V，输出电流可以达到 500 mA。ULN2003 的作用是驱动大功率系统，例如继电器、直流电机等。如图 3-34 所示为 ULN2003A 和步进电机的连接图。其实物连接图如图 3-35 所示。

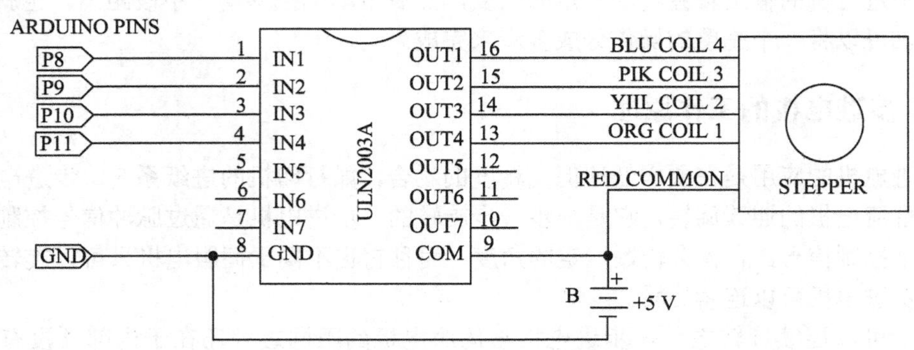

图 3-34　步进电机及其驱动器连接图

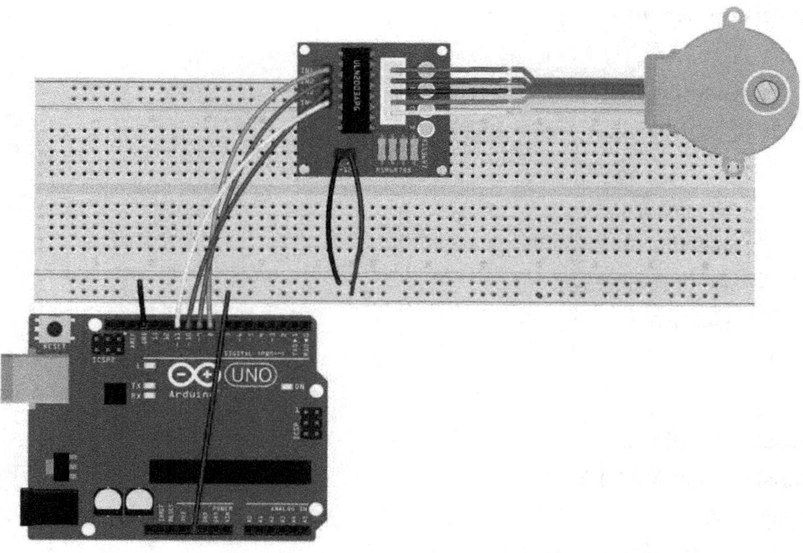

图 3-35　步进电机及其驱动器实物连接图

3.7.3　程序的编写

步进电机驱动程序如下：

```
#define IN1   8
#define IN2   9
#define IN3   10
#define IN4   11
int Steps = 0;
boolean Direction = true;
unsigned long last_time;
unsigned long currentMillis;
int steps_left=4095;
long time;
void setup()
{
    Serial.begin(115200);
    pinMode(IN1, OUTPUT);
    pinMode(IN2, OUTPUT);
    pinMode(IN3, OUTPUT);
    pinMode(IN4, OUTPUT);
    delay(1000);
}
void loop()
{
```

```
    while(steps_left>0)
    {
        currentMillis = micros();
        if(currentMillis-last_time>=1000)
        {
            stepper(1);
            time=time+micros()-last_time;
            last_time=micros();
            steps_left--;
        }
    }
    Serial.println(time);
    Serial.println("Wait...!");
    delay(2000);
    Direction=!Direction;
    steps_left=4095;
}

void stepper(int xw)
{
    for (int x=0; x<xw; x++)
    {
        switch(Steps)
        {
            case 0:
                digitalWrite(IN1, LOW);
                digitalWrite(IN2, LOW);
                digitalWrite(IN3, LOW);
                digitalWrite(IN4, HIGH);
            break;
            case 1:
                digitalWrite(IN1, LOW);
                digitalWrite(IN2, LOW);
                digitalWrite(IN3, HIGH);
                digitalWrite(IN4, HIGH);
            break;
            case 2:
                digitalWrite(IN1, LOW);
                digitalWrite(IN2, LOW);
                digitalWrite(IN3, HIGH);
```

```
            digitalWrite(IN4, LOW);
        break;
        case 3:
            digitalWrite(IN1, LOW);
            digitalWrite(IN2, HIGH);
            digitalWrite(IN3, HIGH);
            digitalWrite(IN4, LOW);
        break;
        case 4:
            digitalWrite(IN1, LOW);
            digitalWrite(IN2, HIGH);
            digitalWrite(IN3, LOW);
            digitalWrite(IN4, LOW);
        break;
        case 5:
            digitalWrite(IN1, HIGH);
            digitalWrite(IN2, HIGH);
            digitalWrite(IN3, LOW);
            digitalWrite(IN4, LOW);
        break;
        case 6:
            digitalWrite(IN1, HIGH);
            digitalWrite(IN2, LOW);
            digitalWrite(IN3, LOW);
            digitalWrite(IN4, LOW);
        break;
        case 7:
            digitalWrite(IN1, HIGH);
            digitalWrite(IN2, LOW);
            digitalWrite(IN3, LOW);
            digitalWrite(IN4, HIGH);
        break;
        default:
            digitalWrite(IN1, LOW);
            digitalWrite(IN2, LOW);
            digitalWrite(IN3, LOW);
            digitalWrite(IN4, LOW);
        break;
    }
    SetDirection();
```

```
        }
    }
    void SetDirection()
    {
        if(Direction==1){ Steps++; }
        if(Direction==0){ Steps--; }
        if(Steps>7){Steps=0; }
        if(Steps<0){Steps=7; }
    }
```

3.7.3　步进电机转速的控制

步进电机转速控制电路连接图如图 3-36 所示。程序请读者自行编写。

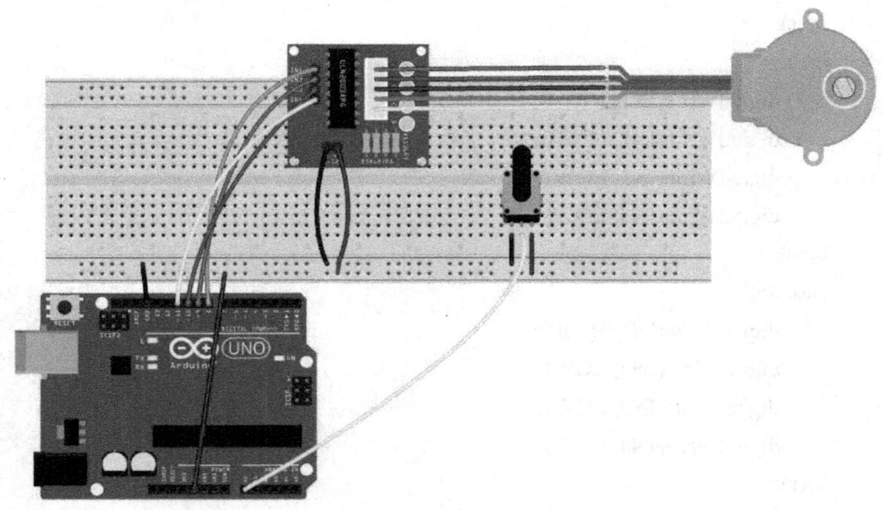

图 3-36　步进电机转速控制电路连接图

下面介绍步进电机的库函数，这个库非常轻巧，只有 3 个函数。

1. stepper(steps，pin1，pin2)

stepper(steps, pin1, pin2, pin3, pin4)

参数：

- steps：步进电机旋转一周所需要的步数。
- pin1：控制线 1。
- pin2：控制线 2。
- pin3：控制线 3。
- pin4：控制线 4。

2. setspeed(rpm)

参数：

- rpm：步进电机的转速。

步进电机的转速单位是 r/min(转/分钟)，该函数只设置转速而不控制步进电机旋转。

3. step(steps)

参数：

- steps：旋转步数，正数向一个方向旋转，负数向另一个方向旋转。

step(steps)函数用来控制步进电机旋转指定的步数，它的速度取决于最近调用的 setSpeed()函数。

3.8 Arduino 驱动数码管的连接

3.8.1 一位数码管的驱动

本节用 Arduino 来驱动一位数码管，实物图如图 3-37 所示。

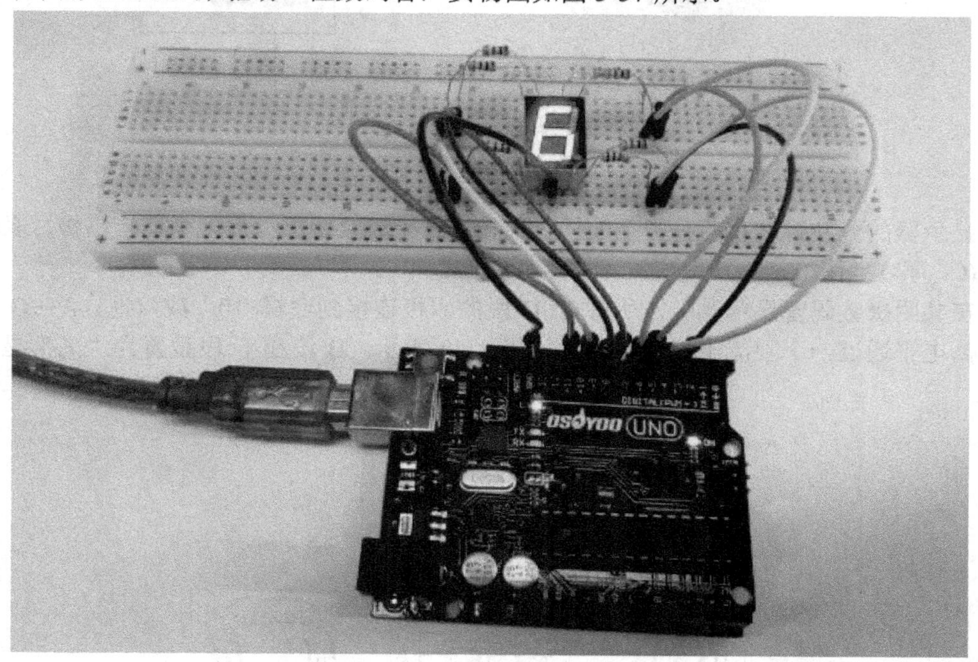

图 3-37 一位数码管驱动实物图

3.8.2 一位 7 段数码管

在许多嵌入式系统和工业应用中，一位 7 段数码管可用于显示输出，如图 3-38 所示。基本的 1 位 7 段数码管可以显示数字 0～9 和几个字符。通过多路复用一位 7 段数码管，可组成 2 位、3 位或 4 位 7 段显示。市面上的显示器比 7 段数码管更为先进，几乎可以显示字母表中的每一个字符。例如，一个 16×2 液晶显示器能够显示几乎所有的 ASCII 字符。那么，为什么 7 段数码管仍然存在于市场中？这是因为 7 段数码管是最便宜的选择，一个单一的 7 段数码管只有 16×2 液晶显示模块的成本的 1/10。

数码管中的每一个 LED 都有对应的显示段，连接管脚从矩形塑料封装中引出，这些 LED 管脚被标记为“A”到“G”，代表每个 LED 段以及小数点。其他 LED 管脚连接在一起形成一个共同的管脚称为公共端 Com。因此，通过给予 LED 段适当的电平，一些显示段会被点亮，而另一些显示段则熄灭，从而显示出相应的字符，如图 3-39 所示。

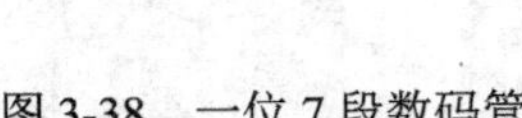

图 3-38　一位 7 段数码管

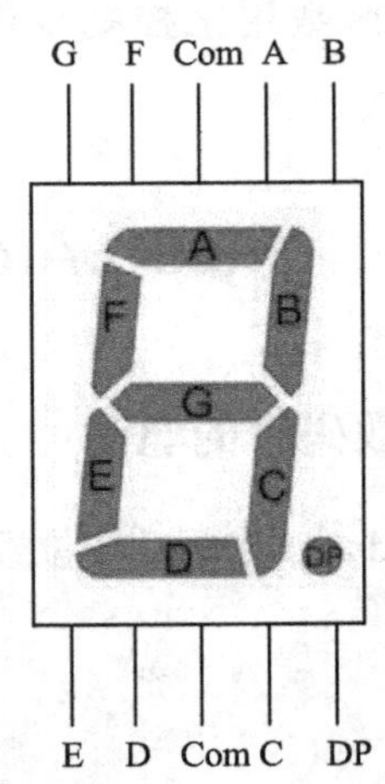

图 3-39　数码管电路结构

显示器的公共管脚有两种类型的管脚连接：一个连接阴极，另一个连接阳极，表示共阴极(CC)和共阳极(CA)。

在共阴极数码管显示器中，所有 LED 段的阴极连接到逻辑“0”或接地。A～G 是由一个高电平通过一个限流电阻驱动的。如图 3-40 所示，B 段和 C 段设置为“高”显示数字 1。

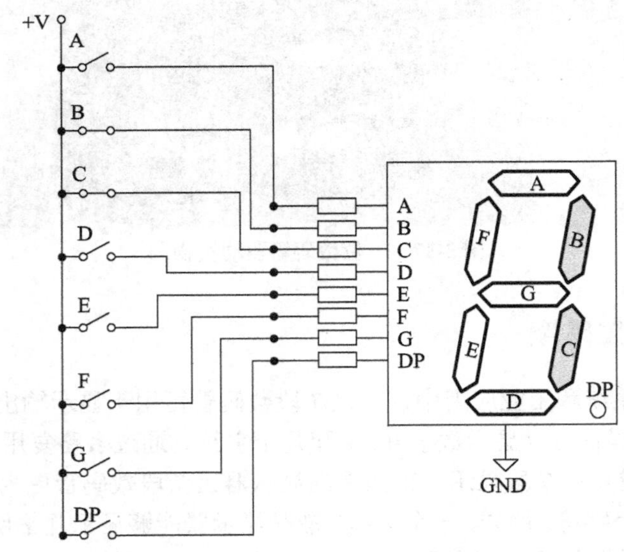

图 3-40　共阴极数码管

在共阳极显示器中，所有 LED 段的阳极连接到逻辑“1”或接高电平。A～G 是由低电平通过限流电阻驱动的。如图 3-41 所示，B 段和 C 段设置为“低”则显示数字 1。

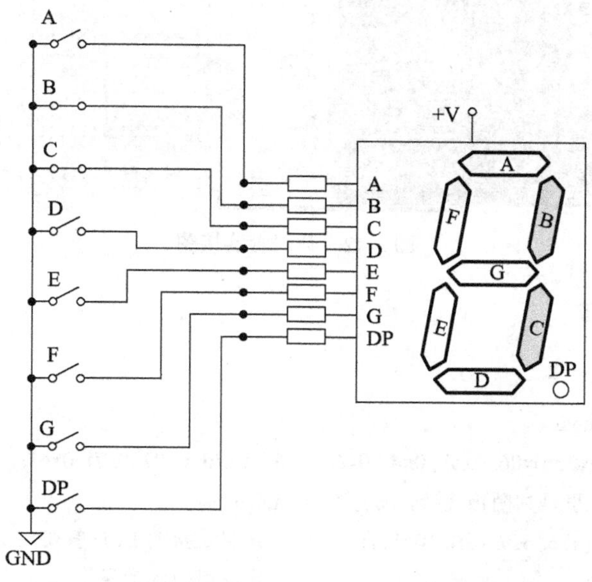

图 3-41 共阳极数码管

3.8.3 电路的连接

在这个实验中，7 段数码管每个管脚 A～G 与一个 220 Ω 的限流电阻连接，然后再分别连接管脚 4～11，COM 连接到 GND。通过编程，我们可以设置管脚 4～11 一个或几个为高电平来点亮相应的 LED。

7 段显示器和 Arduino 板之间的接线如表 3-2 所示。

表 3-2 数码管接线表

7 段数码显示管	Arduino
A	4
B	5
C	6
D	7
E	8
F	9
G	10
DP	11
Com	GND

电路连接如图 3-42 所示。

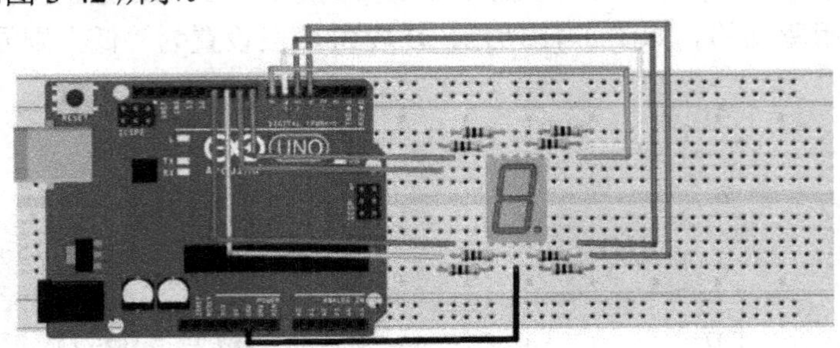

图 3-42　数码管连接图

3.8.4　程序的编写

数码管程序如下：

```
const unsigned char
duanma[10]={0x3f, 0x06, 0x5b, 0x4f, 0x66, 0x6d, 0x7d, 0x07, 0x7f, 0x6f};
//定义段码，这里是共阴极连接，顺序是 degfabcp
int LEDPins[]={4, 5, 6, 7, 8, 9, 10, 11};          //定义连接的 LED 管脚
int LEDCount=8;                                    //定义段码的数量
void setup()
{
    for(int thisLED=0; thisLED<LEDCount; thisLED++)
    {   pinMode(LEDPins[thisLED], OUTPUT);
        //循环设置，把对应的 LED 设置成输出
    }
}
//数据处理，把需要处理的 bit 数据写到对应的管脚端口
void deal(unsigned char value)
{   for(int i=0; i<8; i++)
        digitalWrite(LEDPins[i], bitRead(value, i));
    //使用了 bitread 这个函数
}
void loop()
{   //循环显示 0～9 数字
    for(int i=0; i<10; i++)
    {
        deal(duanma[i]);               //读取对应的段码值，调用函数
        delay(1000);                   //延时
    }
}
```

程序编写说明：bitRead 函数的作用是读出一个数字的一位；bitRead(x, n)函数中 x 代表要读出的数字，n 代表要读出的位，注意是从最右向左读的。

3.8.5　4 位 7 段数码管

4 位 7 段数码管是用于显示十进制数字和少数字符的电子显示装置，它是更复杂的点阵显示器的替代品。4 位 7 段数码管广泛应用于数字钟、电子表、计算器和其他显示电子设备中。

本节将介绍 4 位 7 段数码管的工作原理以及 Arduino 如何驱动一个 4 位 7 段数码管，实物图如图 3-43 所示。

4 位数码管管脚排列如图 3-44 所示。

图 3-43　4 位 7 段数码显示管

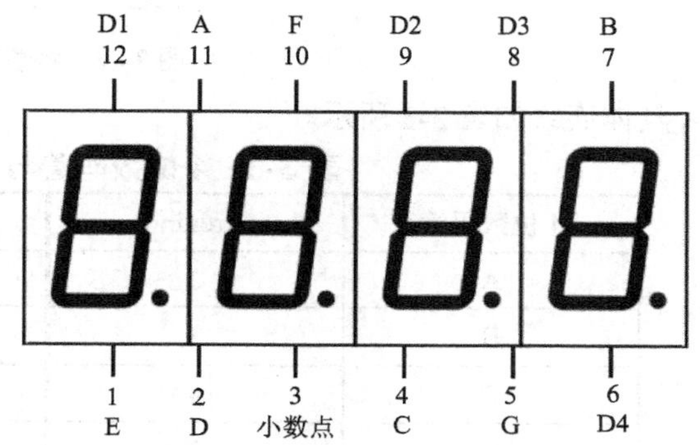

图 3-44　4 位数码管管脚排列图

4 位数码管内部电路结构如图 3-45 所示。

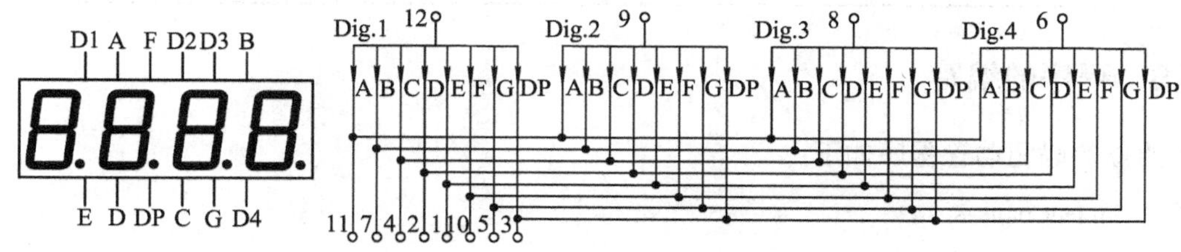

图 3-45　4 位数码管内部结构图

显示模块中的每个段都是多路复用的，4 位数码管共享相同的段码 A～G。模块中 4 个数字中的每一位都有它们自己的公共阴极连接点，因此有 4 个不同的位码，因此每位数字可以独立地打开或关闭。此外，这种多路复用技术可节约控制器所需的管脚，用 12 位代替 32 位管脚。

那么我们如何在这个 4 位数字显示器上显示一个像“1234”这样的数字呢？为此，我们将使用一种称为多路复用的方法。多路复用很简单——在显示单元上一次显示一位数，并在显示单元之间快速切换，由于人眼的视觉暂留，人眼无法区分哪个显示器是开或者是关，人眼只会看到 4 个显示单元显示所有的数字。假设我们需要显示“1234”，首先打开与“1”相关的段码，然后打开第一显示单元位码，然后发送信号显示“2”，关闭第一个显示单元位码，打开第二个显示单元位码。后面我们重复显示数字的过程，显示单元之间的切换非常快(大约在 1 s 以内)，人的眼睛不能在 1 s 内判断物体发生变化，因此看到的是“1234”同时出现在显示器上。

我们用 4 位数码管来做一个秒表，电路如图 3-46 所示。

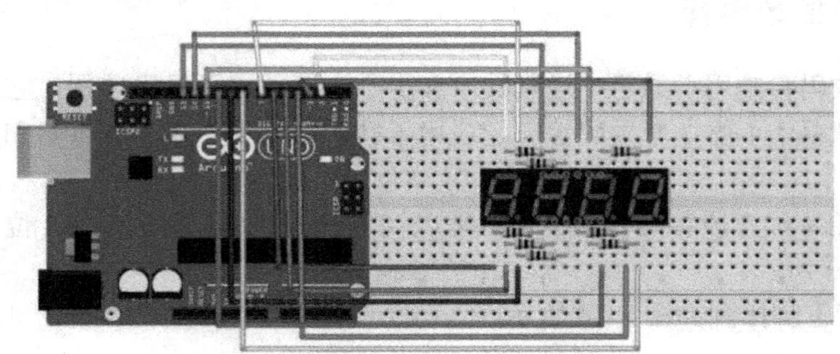

图 3-46　秒表连接图

具体连线如表 3-3 所示。

表 3-3　4 位数码管与 Arduino 连接表

4 位数码管	Arduino	4 位数码管	Arduino
A	2	G	8
B	3	小数点	9
C	4	D1	13
D	5	D2	12
E	6	D3	11
F	7	D4	10

3.8.6　程序的编写

四位数码驱动管程序如下：

```
int ledCount=8;
int segCount=4;
long previousMillis = 0;
//定义段码，这里是共阴段码，顺序是 dpgfedcba
const unsigned char
duanma[10]={0x3f, 0x06, 0x5b, 0x4f, 0x66, 0x6d, 0x7d, 0x07, 0x7f, 0x6f};
//位码
//unsigned char const WeiMa[]={0, 1, 2, 3};
int ledPins[]={2, 3, 4, 5, 6, 7, 8, 9};
int segPins[]={13, 12, 11, 10};
unsigned char displayTemp[4];                //显示缓冲区
void setup()
{   //循环设置，把对应的端口都设置成输出
```

```
    for (int thisLed = 0; thisLed < ledCount; thisLed++) {
        pinMode(ledPins[thisLed], OUTPUT); }
    for (int thisSeg = 0; thisSeg < segCount; thisSeg++) {
        pinMode(segPins[thisSeg], OUTPUT);
    }
}
//数据处理，把需要处理的 byte 数据写到对应的管脚端口
void deal(unsigned char value)
{   for(int i=0; i<8; i++)
        digitalWrite(ledPins[i], bitRead(value, i));
    //使用了 bitRead 函数，非常简单
}
//主循环
void loop()
{   static unsigned int num=3467;                              //定义一个数据
    static unsigned  long lastTime=0;
    if (millis() - lastTime >= 1000) {
        lastTime = millis();
        num++;
    }
    displayTemp[0]=duanma[num/1000];                           //动态显示
    displayTemp[1]=duanma[(num%1000)/100];
    displayTemp[2]=duanma[((num%1000)%100)/10];
    displayTemp[3]=duanma[((num%1000)%100)%10];
    static int i;
    unsigned long currentMillis = millis();
    if(currentMillis - previousMillis > 0) {
        previousMillis = currentMillis;
        deal(0);                                               //清除“鬼影”
        for(int a=0; a<4; a++)
        //循环写位码，任何时刻只有 1 位数码管选通，之前全部关闭，然后再选通需要的那位数码管
        digitalWrite(segPins[a], 1);
        digitalWrite(segPins[i], 0);
        deal(displayTemp[i]);                                  //读取对应的段码值
        i++;
        if(i==4)                                               //4 位结束后重新循环
            i=0;
    }
}
```

3.9　Arduino 和矩阵键盘的连接

3.9.1　矩阵键盘

键盘是用户与项目互动的一个很好的界面，可以使用它们导航菜单、输入密码和控制机器人等。本节将介绍如何用 Arduino 操作 4×4 键盘。4×4 矩阵键盘如图 3-47 所示。

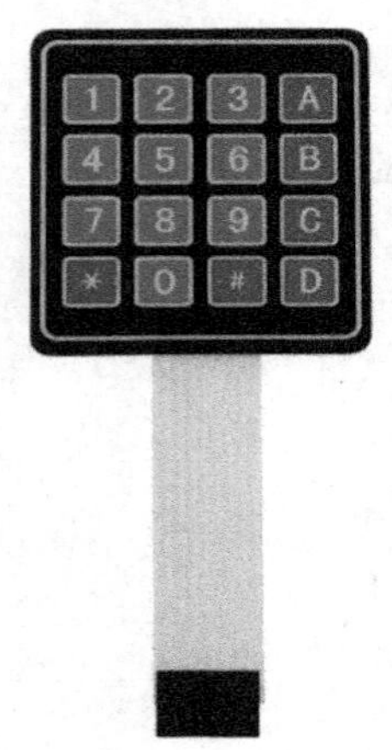

图 3-47　4×4 矩阵键盘

键盘是用一组按钮排列在垫子上，上面有数字、符号和字母。4×4 矩阵键盘通常用作项目的输入，共有 16 个键。它超薄，后面有粘胶，可与大部分微控制器连接，也可以安装在大部分物体的表面。4×4 矩阵键盘的内部结构图如图 3-48 所示。

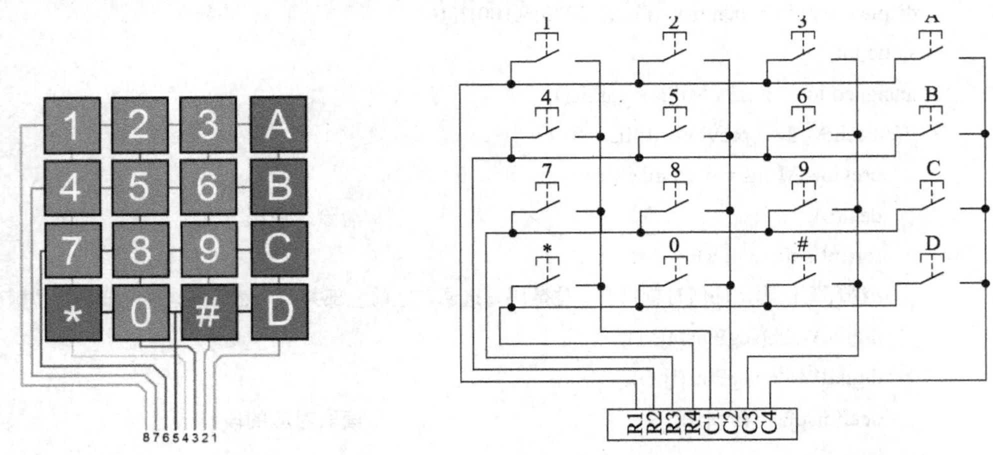

图 3-48　4×4 矩阵键盘内部结构图

矩阵键盘使用 4 行和 4 列的组合，提供 16 个按键状态给主机设备，这个主机设备通常是一个单片机。每个按键的下面是一个按钮，按钮的一端连接到一行，另一端连接到一列。

为了让单片机知道是哪个键被按下了，可以采用行或者列扫描法。矩阵键盘实物图如图 3-49 所示。

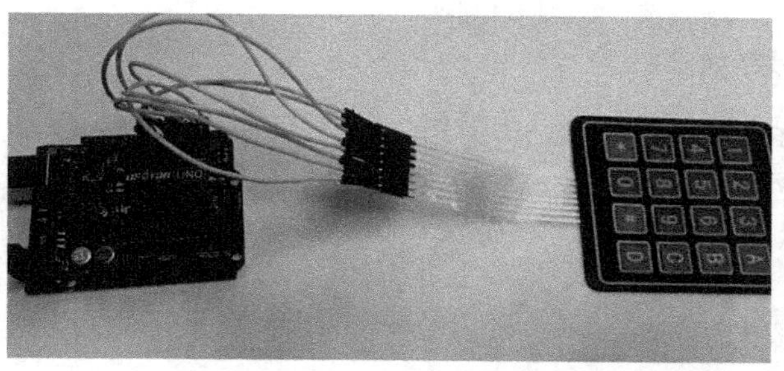

图 3-49 矩阵键盘实物图

我们将矩阵键盘与 Arduino 板相连，Arduino 可以读取用户按下的按键并在串口显示出来。当一个按键被按下时，它的值就会出现在串行监视器上。电路连接表如表 3-4 所示，电路如图 3-50 所示。

表 3-4 电路连接表

矩阵键盘管脚	Arduino 管脚	矩阵键盘管脚	Arduino 管脚
1	D9	5	D5
2	D8	6	D4
3	D7	7	D3
4	D6	8	D2

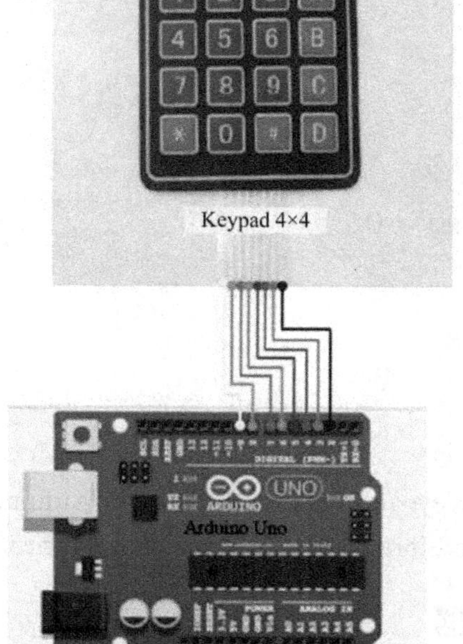

• Pin 1——Arduino Pin 9
• Pin 2——Arduino Pin 8
• Pin 3——Arduino Pin 7
• Pin 4——Arduino Pin 6
• Pin 5——Arduino Pin 5
• Pin 6——Arduino Pin 4
• Pin 7——Arduino Pin 3
• Pin 8——Arduino Pin 2

图 3-50 矩阵键盘电路图

3.9.2　程序的编写

矩阵键盘驱动程序如下：

```
#include <Keypad.h>
const byte ROWS = 4;                //定义 4 行
const byte COLS = 4;                //定义 4 列

//定义键盘上按钮的符号
char hexaKeys[ROWS][COLS] = {
                                    {'1', '2', '3', 'A'},
                                    {'4', '5', '6', 'B'},
                                    {'7', '8', '9', 'C'},
                                    {'*', '0', '#', 'D'}};
byte rowPins[ROWS] = {9, 8, 7, 6};
//Arduino 接口连接键盘上的行输出
byte colPins[COLS] = {5, 4, 3, 2};
//Arduino 接口连接键盘上的列输出
//定义一个新的 Keypad 的变量
Keypad customKeypad = Keypad( makeKeymap(hexaKeys), rowPins, colPins, ROWS, COLS);

void setup()
{
    Serial.begin(9600);
}
void loop()
{
    char customKey = customKeypad.getKey();
    if (customKey)
    {
        Serial.println(customKey);
    }
}
```

在这个软件中，要先加载一个库 Keypad.h，这个库可以通过 Arduino 的库管理加入，通过选择菜单“Sketch”中的“Include Library”下的“Manage Libraries”加载这个库。

3.9.3　使用一个密码来驱动继电器

键盘常见的应用之一是密码输入。可以通过键盘设置一个密码，如果密码正确，则

Arduino 可以启动继电器或其他模块。驱动继电器电路连接实物图如图 3-51 所示，电路原理图如图 3-52 所示。

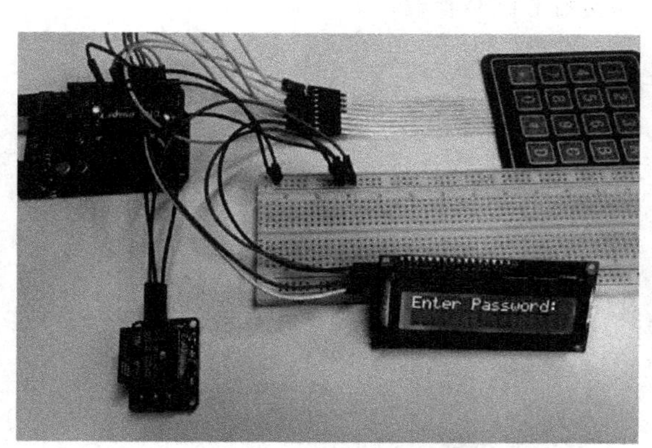

图 3-51　驱动继电器电路连接实物图

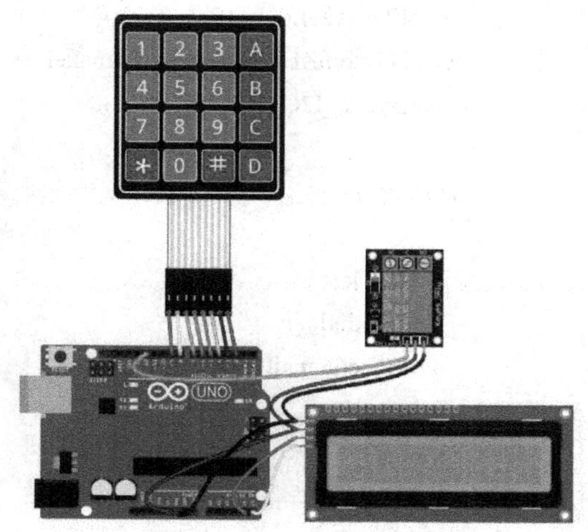

图 3-52　驱动继电器电路原理图

3.9.4　程序的编写

密码锁程序如下：

```
#include <Wire.h>
#include <LiquidCrystal_I2C.h>
#include <Keypad.h>

#define Password_Length 8   //定义 password 的长度，虽然只有 7 个字符，但是加上空格，
                            //就是 8 个字符

int signalPin = 12;                              //控制继电器的输出

char Data[Password_Length];
char Master[Password_Length] = "123A456";        //可以在这里改变密码
byte data_count = 0, master_count = 0;
bool Pass_is_good;
char customKey;
const byte ROWS = 4;
const byte COLS = 4;
char hexaKeys[ROWS][COLS] = {
    {'1', '2', '3', 'A'},
    {'4', '5', '6', 'B'},
    {'7', '8', '9', 'C'},
    {'*', '0', '#', 'D'}
```

```
};
byte rowPins[ROWS] = {9, 8, 7, 6};
byte colPins[COLS] = {5, 4, 3, 2};
Keypad customKeypad = Keypad(makeKeymap(hexaKeys), rowPins, colPins, ROWS, COLS);
LiquidCrystal_I2C lcd(0x27, 16, 2);           //初始化 LCD 参数

void setup()
{
    lcd.init();
    lcd.backlight();                          //点亮背光
    pinMode(signalPin, OUTPUT);               //设置继电器为输出模式
}
void loop()
{
    lcd.setCursor(0, 0);                      //设置光标位置
    lcd.print("Enter Password:");
    customKey = customKeypad.getKey();        //看看是否有按键按下
    if (customKey)
    {                                         //有按键按下
        Data[data_count] = customKey;         //读入按键
        lcd.setCursor(data_count, 1);         //设置光标
        lcd.print(Data[data_count]);          //在 LCD 上显示按键的字符
        data_count++;
    }
    if(data_count == Password_Length-1)
    {
        lcd.clear();
        if(!strcmp(Data, Master))
        {   //比较读入的字符和设置的字符是否一致
            lcd.print("Correct");             //如果密码正确，则显示 Correct
            digitalWrite(signalPin, HIGH);    //驱动继电器
            delay(5000);
            digitalWrite(signalPin, LOW);
        }
        else
        {
            lcd.print("Incorrect");           //如果密码不正确，则显示 Incorrect
            delay(1000);
        }
        lcd.clear();
```

```
        clearData();
    }
}

void clearData()
{
    while(data_count !=0)
    {
        Data[data_count--] = 0;
    }
    return;
}
```

3.10　数 字 骰 子

3.10.1　74HC595 驱动一位数码管

本节将介绍如何使用 74HC595 在 Arduino Uno 板上驱动单个 7 段 LED 数码管。在前面我们已经介绍了如何将单个 7 段 LED 数码管直接连接到 Uno 板上的 8 个端口，通过这种方式，可以节省 5 个端口，考虑到 Uno 板的端口有限，这就显得非常重要。

74HC595 的管脚 10 连接到 5 V(高电平)，管脚 13 连接到 GND(低电平)。因此，数据输入到 SH_CP 的上升沿，并通过上升沿进入存储寄存器。我们使用 shiftout()函数通过 DS 将 8 位数据输出到移位寄存器。在 SH_CP 的上升沿，移位寄存器中的数据一次连续移动一位，即 QB 中的数据移动到 QC 上，依此类推。在 ST_CP 的上升沿，移位寄存器中的所有数据将在 8 次后移动到存储寄存器，然后，存储器寄存器中的数据输出到总线(QA-QH)。74HC595 驱动数码管电路图如图 3-53 所示。

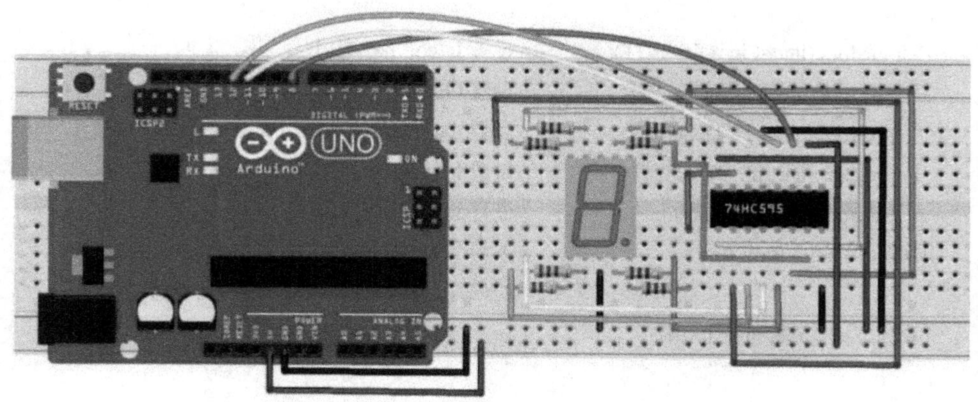

图 3-53　74HC595 驱动数码管电路图

3.10.2　制作数字骰子

在数字骰子电路中需要加上按钮，其电路连接图如图 3-54 所示。

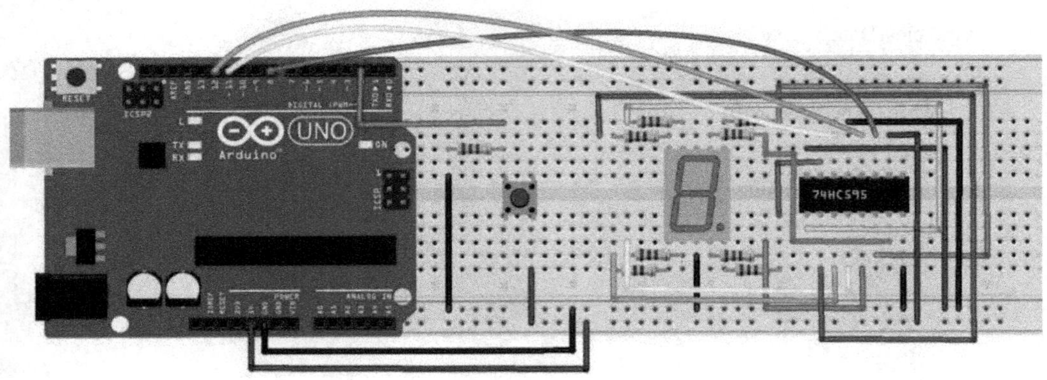

图 3-54　数字骰子电路连接图

数字骰子程序如下：

```
const int latchPin = 12;                    //连接到 74HC595 的 ST_CP 管脚(12)
const int clockPin = 8;                     //连接到 74HC595 的 SH_CP 管脚(11)
const int dataPin = 11;                     //连接到 74HC595 的 DS 管脚(14)
constint ledPin = 13;
constint keyIn = 2;
int num = 0;
                                            //显示 0, 1, 2, 3, 4, 5, 6, 7, 8, 9, A, B, C, D, E, F
int datArray[16] = {
        252, 96, 218, 242, 102, 182, 190, 224, 254, 246, 238, 62, 156, 122, 158, 142};
long randNumber;
voidsetup()
{
   pinMode(latchPin, OUTPUT);               //设置 latchPin 为输出
   pinMode(clockPin, OUTPUT);               //设置 clockPin 为输出
   pinMode(dataPin, OUTPUT);                //设置 dataPin 为输出
   pinMode(ledPin, OUTPUT);                 //设置 ledPin 为输出
   pinMode(keyIn, INPUT);                   //设置 keyIn 为输入
   Serial.begin(9600);                      //波特率为 9600 b/s:
                                            //初始化随机数在 A0 口产生一个随机数
randomSeed(analogRead(0));
}

voidloop()
```

```
{
    int stat =digitalRead(keyIn);                //存储 keyIn 读入的值
    if(stat ==HIGH)                              //查看按钮何时按下
    {
        num ++;
        if(num > 1)
        {
            num = 0;
        }
    }

    Serial.println(num);                         //在串口打印数字
    if(num == 1)                                 //当按钮按下时
    {
        randNumber = random(1, 7);               //产生 1～7 中的随机数
        showNum(randNumber);                     //在数码管显示随机数
        delay(1000);                             //等 1 s
        while(!digitalRead(keyIn));              //没有按钮按下，程序停止
        int stat = digitalRead(keyIn);
        if(stat == HIGH)                         //检查按钮是否按下
        {
            num ++;
            digitalWrite(ledPin, HIGH);          //打开 LED
            delay(100);
            digitalWrite(ledPin, LOW);           //关闭 LED
            delay(100);
            if(num >= 1)
            {
                num = 0;
            }
        }
    }
    //在 100 ms 间隔显示随机数
    //如果按钮未按下
    randNumber = random(1, 7);
    showNum(randNumber);
    delay(100);
}
```

```
//数码管显示数字
void showNum(int num)
{
    digitalWrite(latchPin, LOW);                    //给 latchPin 低电平
    shiftOut(dataPin, clockPin, MSBFIRST, datArray[num]);
    digitalWrite(latchPin, HIGH);                   //给 latchPin 存储数据
}
```

第三篇

Arduino 在物联网中的应用

第四章 Arduino 通信

经过前面几章的学习，我们对 Arduino 已经有了初步认识，也可以用它来控制一些电路，本章主要介绍 Arduino 在物联网中的应用。

本章学习目标

➢ 串口通信；
➢ SPI、IIC 通信；
➢ Arduino 访问网络；
➢ 蓝牙通信。

4.1 串口通信

Arduino 与计算机之间通信最常用的方法就是串口通信，前面章节中使用到的 Serial.begin()和 Serial.print()等语句就用于操作串口。

在 Arduino Uno 控制器上，串口都位于 0(RX)和 1(TX)两个管脚，Arduino 的 USB 口通过一个转换芯片与这两个串口连接，该转换芯片会通过 USB 接口在计算机上虚拟出一个用于与 Arduino 通信的串口。因此，当使用 USB 线将 Arduino 与计算机连接时，两者之间便建立了串口连接，通过此连接，Arduino 便可与计算机互传数据了。

要想使串口与计算机通信，需要先使用 Serial.begin()函数初始化 Arduino 的串口通信功能，即“Serial.begin(speed);”，其中参数 speed 指串口通信波特率，它是设定串口通信率的参数。串口通信的双方必须使用相同的波特率才能正常通信，波特率越大，说明串口通信的速率越高。

串口初始化完成以后，便可以使用 Serial.print()或 Serial.println()函数向计算机发送信息了。函数的用法是“Serial.print(val);”，其中参数 val 是要输出的数据，各种类型的数据均可；“Serial.println(val)”语句也使用串口输出数据，不同的是 Serial.println()函数在输出指定数据后，会再输出一组回车换行符。

串口监视器是 Arduino 自带的一个小工具，可以用来查看串口的信息，也可以向连接的设备发送信息。需要注意的是，在串口的右下角有一个波特率设置下拉菜单，此处波特率的设置必须和程序中的一样才能正常收发数据。

除了输出，串口同样可以接收由计算机发出的数据。接收串口数据需要使用 Serial.read()

函数。在使用串口时，Arduino 会在 SARM 中开辟一段大小为 64 B 的空间，串口接收到的数据会暂时存放在该空间中，这个存储空间被称为缓冲区。在使用串口读取数据时，需要搭配使用 Serial.available()函数使用。例如：

```
int incomingByte = 0;           //传入的串行数据
void setup() {
    Serial.begin(9600);         //打开串行端口，设置传输波特率为 9600 b/s
}

void loop() {
    //只有当你接收到数据时才会发送数据
    if (Serial.available() > 0) {
        //读取传入的字节
        incomingByte = Serial.read();
        //显示你得到的数据
        Serial.print("I received：");
        Serial.println(incomingByte, DEC);
    }
}
```

程序运行结果如图 4-1 所示。

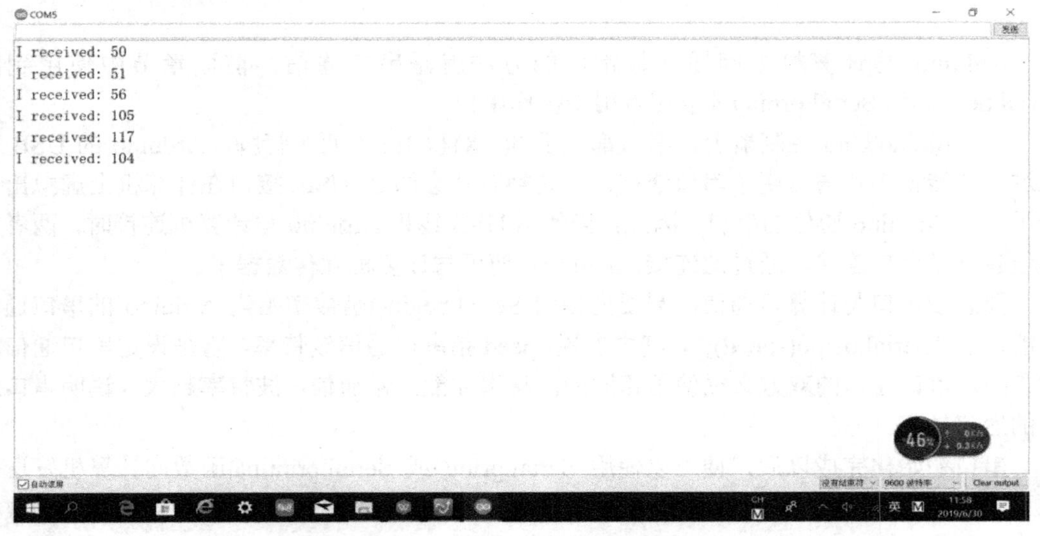

图 4-1　串口接收程序结果

4.2　SPI 通信

如果需要使用大量数据或者保存大量数据，那么 Arduino 自带的 EEPROM 和 Flash 存储空间就显得捉襟见肘了，这时可以选择外置的存储器来扩展存储空间，通常使用如图 4-2 所示的 SD 卡。SD 卡是一种基于半导体快闪记忆器的新一代存储设备，它被广泛用于便携式设备上，例如数码相机、手机和平板电脑等，以下是此类项目常见的应用方向：

- 记录光照、温度和湿度随时间变化的气象站；
- 记录你一天去过哪里的 GPS 追踪和定位器；
- 能报告哪部分过热的台式机温度检测器。

图 4-2 SD 卡

4.2.1 格式化 SD 卡

在用 Arduino 开始记录数据之前，先要准备好 SD 卡，有些用全尺寸的 SD 卡，有些用微型 SD 卡。除了 SD 卡还要准备好 SD 扩展板，如图 4-3 所示。为了完成本章的练习，还需要为计算机准备一个 SD 读卡器。

图 4-3 SD 扩展板

4.2.2 SD 卡类库成员函数

1. SDClass 类

SDClass 类提供了访问 SD 卡、操纵文件以及文件夹的功能，其成员函数如下。

1) begin()

功能：初始化 SD 卡库和 SD 卡。

语法：

```
SD.begin()
SD.begin(cspin)
```

当使用 SD.begin()时，默认将 Arduino SPI 的 SS 管脚连接到 SD 卡的 CS 使能选择端；也可以使用 begin(cspin)指定一个管脚连接到 SD 卡的 CS 使能端，但仍需保证 SPI 的 SS 管脚为输出模式，否则 SD 卡库将无法运行。

参数：

- cspin：连接到 SD 卡 CS 端的 Arduino 管脚。

返回值：boolean 型值，值为 true 表示初始化成功，为 false 表示初始化失败。

2) open()

功能：打开 SD 卡上的一个文件。如果文件不存在，且以写入方式打开，则 Arduino 会创建一个指定文件名的文件(所在路径必须事先存在)。

语法：

```
SD.open(filename)
SD.open(filename, mode)
```

参数：

- filename：需要打开的文件名，其中可以包含路径，路径用“/”分隔。
- mode(可选)：打开文件的方式，默认使用只读方式打开。也可以使用以下两种方式：

FILE_READ —— 只读方式打开；

FILE_WRITE —— 写入方式打开。

返回值：返回被打开文件对应的对象，如果不能打开，则返回 false。

2. file 类

file 类提供了读/写文件的功能，该类的功能与之前使用的串口相关函数的功能类似，其成员函数如下。

1) available()

功能：检查当前文件中可读数据的字节数。

语法：

```
file.available()
```

参数：

- file：一个 file 类型的对象。

返回值：可用字节数。

2) close()

功能：关闭文件，并确保数据已经被完全写入 SD 卡中。

语法：

```
file.close()
```

参数：

- file：一个 file 类型的对象。

3) print()

功能：输出数据到文件。要写入的文件应该已经被打开，且等待写入。

语法：

file.print(data)

file.print(data, BASE)

参数：

- file：一个 file 类型的对象。
- data：要写入的数据(类型可以是 char、byte、int、long 或 string)。
- BASE(可选)：指定数据的输出形式，包括 BIN(二进制)、OCT(八进制)、DEC(十进制)和 HEX(十六进制)。

返回值：发送的字节数。

4) println()

功能：输出数据到文件，并回车换行。

语法：

file.print(data)

file.print(data, BASE)

参数：

- file：一个 file 类型的对象。
- data：要写入的数据(类型可以是 char、byte、int、long 或 string)。
- BASE(可选)：指定数据的输出形式，可以是 BIN(二进制)、OCT(八进制)、DEC(十进制)或 HEX(十六进制)。

返回值：发送的字节数。

5) read()

功能：读取 1 B 数据。

语法：

file.read()

参数：

- file：一个 file 类型的对象。

返回值：下一个字节或者字符，如果没有可读数据，则返回 −1。

6) write()

功能：写入数据到文件。

语法：

file.write(data)

file.write(buf, len)

参数：

- file：一个 file 类型的对象。
- data：要写入的数据，类型可以是 byte、char 或字符串。
- buf：一个字符数组或者字节数据。
- len：buf 数组的元素个数。

返回值：发送的字节数。

4.2.3　将 SD 卡接入 Arduino

SD 卡提供的电压是 3.3 V，因此通过一个能正确处理逻辑电平转换和供电的扩展板来连接 SD 卡很重要。连接方式如表 4-1 所示。

表 4-1　SD 卡扩展板与 Arduino 的连接

SD 扩展板	Arduino
GND	GND
VCC	3.3 V
CS	UNO 的 10 号管脚
MOSI(DI)	UNO 的 11 号管脚
MISO(DO)	UNO 的 12 号管脚
SCK(clk)	UNO 的 13 号管脚

4.2.4　程序的编写

SD 卡程序如下：

```
#include <SPI.h>
#include <SD.h>                    //将 SD.h 头文件包含到本程序中，才能调用库函数
File myFile;
const int cs_pin =10;              //设定 cs 接口
void setup()
{
    Serial.begin(9600);
    Serial.println("Initializing the sd card...");          //串口输出数据
    pinMode(cs_pin, OUTPUT);
    if(!SD.begin(cs_pin))
    {
        Serial.println("Initialization failed!!");
        //如果与 SD 卡通信失败，则串口输出信息也失败
        return;
    }
    Serial.println("Initialization complete");
    //如果与 SD 卡通信成功，则串口输出信息完成
}

void loop()
{
```

```
        myFile=SD.open("test.txt", FILE_WRITE);        //打开文件 test.txt
        if(myFile){
            myFile.println("I am good!!");             //向打开的文件中打印数据
            Serial.println("I am good!!");             //输出到串口
            myFile.close();                            //关闭之前打开的文件
        }
        else
        {   Serial.println("Error in opening the file");
        }
        delay(3000);
    }
```

前面我们学习过用 DHT11 传感器记录温湿度，如果我们考虑要把这些温湿度数据存储到 SD 卡上，应该怎么做？读者可以思考一下。

4.3　IIC 通信——Arduino 与实时时钟的连接

4.3.1　Arduino 的 IIC 接口——RTC 时钟模块

现在流行的时钟电路很多，如 DS1302、DS1307、PCF8485 等。这些电路的接口简单、价格低廉、使用方便，被广泛地应用。本文介绍的实时时钟电路 DS1302 是美国 DALLAS 公司的一种具有涓细电流充电能力的低功耗实时时钟芯片，主要特点是采用串行数据传输，可为掉电保护电源提供可编程的充电功能，并且可以关闭充电功能。DS1302 采用普通 32.768 kHz 晶振，它可以对年、月、日、周、时、分、秒进行计时，且具有闰年补偿等多种功能。

我们这里采用的是实时时钟模块，已经外接好晶振和纽扣电池，显示采用 IIC 的液晶显示模块。DS1302 模块如图 4-4 所示。

图 4-4　DS1302 模块

4.3.2　电路设计

电路设计所需要的硬件如下：

(1) DS1302 时钟模块；

(2) IIC 接口液晶显示 1602。

电路的连接方式如表 4-2 和表 4-3 所示，电路连接如图 4-5 所示。

表 4-2　时钟模块与 Arduino 连接

DS1302 时钟模块	Arduino 管脚
VCC	VCC (3.3 V)
GND	GND
CLK	Arduino Digital 4
DAT	Arduino Digital 3
RST	Arduino Digital 2

表 4-3　IIC 液晶显示模块与 Arduino 的连接

IIC 液晶模块	Arduino 管脚
GND	GND
VCC	VCC(5 V)
SDA	A4
SCL	A5

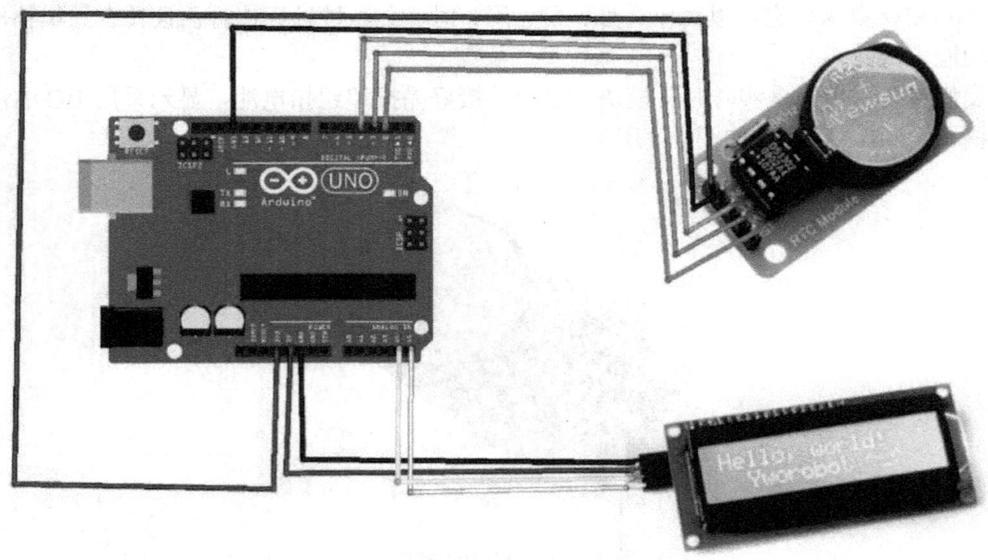

图 4-5　实时时钟连接电路图

4.3.3　程序设计

在编写程序之前，调用了 wire、LiquidCrystal_I2C 和 DS1302 三个库函数，下面简单介绍 DS1302 中用到的一个函数：

rtc(RSTPIN，SDAPIN，SCLPIN)

功能：初始化 DS1302。

参数：

- RSTPIN：Arduino 板连接到 DS1302 的 RST 端的管脚。
- SDAPIN：Arduino 板连接到 DS1302 的 SDA 端的管脚。
- SCLPIN：Arduino 板连接到 DS1302 的 SCL 端的管脚。

该函数的具体应用如下：

1) rtc.halt(value)

功能：设置时钟运行的模式。

它的取值有两种：true、false。

2) rtc.writeProtect(false);

功能：设置写保护。

它的取值有两种：true 或 false。

3) rtc.setDate(date, mon, year)

功能：设定当前的日期(年、月、日)。

rtc.setDate(27, 8, 2013)，设定的日期为 2013 年 8 月 27 号。

4) rtc.setDOW(dow)

功能：设定星期。

rtc.setDOW(1)，设定为星期一。

5) rtc.setTime(hour, min, sec)

功能：设定时间。

rtc.setTime(15, 17, 0)，设定当前的时间为 15:17:00。

通过函数 getTime()获取的日期保存在变量 rtc.getDateStr()中，时间保存在变量 rtc.getTimeStr()中，星期保存在变量 rtc.getDOWStr()中。

4.3.4　程序的编写

实时时钟程序如下：

```
#include <Wire.h>
#include <LiquidCrystal_I2C.h>
#include <DS1302.h>
LiquidCrystal_I2C lcd(0x27, 16, 2);
//初始化 LCD，如果你的 LCD 不显示，可以切换到其他的地址
```

```
DS1302 rtc(2, 3, 4);                      //初始化 DS1302

void setup()
{
    lcd.init();                           //初始化 LCD
    lcd.backlight();                      //打开背光
    rtc.halt(false);                      //设置时钟运行
    rtc.writeProtect(false);              //打开写保护
    rtc.setDOW(TUESDAY);                  //星期二
    rtc.setTime(11, 30, 00);              //时间为 11:30:00
    rtc.setDate(8, 8, 2017);              //日期为 2017 年 8 月 8 日
    rtc.writeProtect(true);               //关闭写保护
}

void loop()
{
    lcd.clear();
    lcd.setCursor(0, 0);
    lcd.print(rtc.getDateStr(FORMAT_LONG, FORMAT_LITTLEENDIAN, '/'));
    lcd.setCursor(11, 0);
    lcd.print(rtc.getDOWStr());
    lcd.setCursor(14, 0);
    lcd.print("      ");
    lcd.setCursor(0, 1) ;                 //设置光标到第二行，第一列
    lcd.print(rtc.getTimeStr());
    delay(1000);                          //延时 1 s
}
```

4.4　用 Arduino 访问网络

4.4.1　W5100 网络扩展板

W5100 是 WIZnet 公司推出的一款多功能单片网络接口芯片，内部集成有 10/100 Mb/s 以太网控制器，主要应用于高集成、高稳定、高性能和低成本的嵌入式系统中。

W5100 内部集成了全硬件且经过多年市场验证的 TCP/IP 协议栈、以太网介质传输层(MAC)和物理层(PHY)。全硬件 TCP/IP 协议栈，支持 TCP、UDP 和 PPPoE 等协议，这些协议已经在很多领域经过了多年的验证。W5100 内部还集成有 16 KB 存储器用于数据传

输。使用 W5100 不需要考虑以太网的控制，只需要进行简单的端口编程。

W5100 提供了三种接口：直接并行总线、间接并行总线和 SPI 总线。我们这里采用 SPI 总线连接，W5100 与 MCU 接口非常简单，就像访问外部存储器一样。

W5100 的特性如下：

(1) 与 MCU 多种接口选择：直接并行总线接口、间接并行总线接口和 SPI 总线接口。

(2) 支持硬件 TCP/IP 协议：TCP、UDP、ICMP、IGMP、IPv4、ARP、PPPoE、Ethernet。

(3) 支持 ADSL 连接 (支持 PPPOE 协议，带 PAP/CHAP 验证)。

(4) 支持 4 个独立的端口(Sockets)同时连接。

(5) 内部 16 KB 存储器作 TX/RX 缓存。

(6) 内嵌 10BaseT/100BaseTX 以太网物理层，支持自动应答(全双工/半双工模式)。

(7) 支持自动极性变换(MDI/MDIX)。

(8) 多种指示灯输出(Tx、Rx、Full/Duplex、Collision、Link、Speed)。

(9) 0.18 μm CMOS 工艺。

(10) 3.3 V 工作电压，I/O 口可承受 5 V 电压。

(11) LQFP80 无铅封装，符合环保要求。

W5100 产品主要应用在以下方面：家庭网络设备如机顶盒、可录机顶盒、数字多媒体设备等；串行到以太网转换，如工业控制、LED 指示灯控制、无线中继等；并行到以太网转换，如自动售货机、微型打印机、复印机等；USB 到以太网转换，如储存设备(U 盘、外挂硬盘)、网络打印机等；GPIO 到以太网转换，如家庭网络传感器；安防设备，如硬盘录像机、网络摄像机、网络门禁系统等。

除此之外，W5100 扩展板还带有如下部件和功能：

(1) SD 卡插槽：Ethernet 相关硬件都带有 Micro SD 卡插槽，可用于读/写 Micro SD 卡。

(2) 指示灯：除了可编程指示灯 L 外，在 W5100 扩展板上还有多个指示灯，当指示灯点亮时分别表示：

PWR：设备已通电。

LINK：网络已连接，当发送或接收数据时会闪烁。

FULLD：网络连接是全双工通信。

100M：当前为 100 Mb/s 的网络连接。

RX：网络接收数据时闪烁。

TX：网络发送数据时闪烁。

COLL：网络检测到冲突时闪烁。

需要注意的是，这里的 RX 和 TX 是网络通信指示灯，并不是其他控制器上的串口通信指示灯。

(3) POE 供电：POE(Power Over Ethernet)指在现有以太网 Cat.5 布线基础架构不做改动的情况下，在为一些基于 IP 的终端(如 IP 电话机、无线局域网接入点 AP、网络摄像机等)传输数据信号的同时，还能为此类设备提供直流供电的技术。带有 POE 供电功能的 Ethernet 控制器不需要通过 USB 或者直流插座供电，而只需要一根带有 POE 电源的网线即可供电。

(4) 管脚使用：W5100 扩展板或控制器上的 W5100 芯片通过 SPI 总线与 Arduino 连接，板载的 Micro SD 卡槽也与 SPI 总线连接，使用时，两者需要通过不同的 SS 管脚选择使能。

W5100 扩展板如图 4-6 所示。

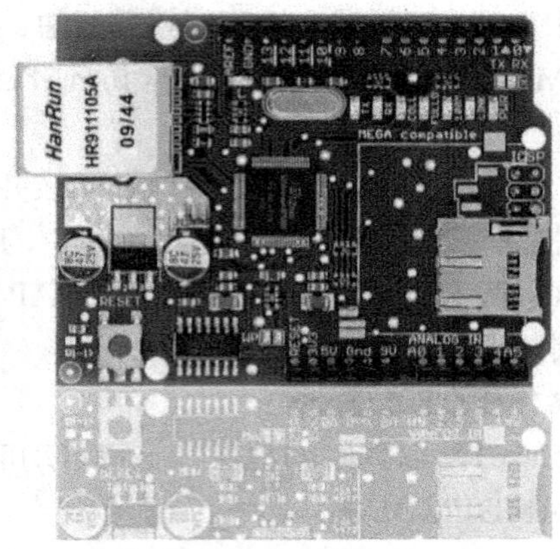

图 4-6　W5100 扩展板

4.4.2　Ethernet 类库

在使用网络功能时需要包含该库头文件 Ethernet.h，由于 Arduino 是通过 SPI 总线连接 W5100 实现网络功能的，所以也需要包含 SPI.h 头文件。Ethernet 类库中定义了多个类，要想完成网络通信，需要这几个类搭配使用。

1. Ethernet 类

Ethernet 类用于初始化以太网库和进行相关的网络配置，其成员函数如下。

1) begin()

功能：初始化以太网库并进行相关配置。可以在参数中配置 MAC 地址、IP 地址、DNS 地址、网关以及子网掩码。1.0 版的 Ethernet 库支持 DHCP，当只设置 MAC 地址时，设备会自动获取 IP 地址。

语法：

```
Ethernet.begin(mac)
Ethernet.begin(mac, ip)
Ethernet.begin(mac, ip, dns)
Ethernet.begin(mac, ip, dns, gateway)
Ethernet.begin(mac, ip, dns, gateway, subnet)
```

参数：

- mac：本设备的 MAC 地址。
- ip：本设备的 IP 地址。
- dns：DNS 服务器地址。
- gateway：网关 IP 地址，默认为 IP 地址最后一个字节为 1 的地址。
- subnet：子网掩码，默认为 255.255.255.0。

返回值：当使用 Ethernet.begin(mac)函数进行 DHCP 连接时，连接成功返回 1，失败返回 0；如果指定了 IP 地址，则不返回任何数据。

2) localIP()

功能：获取设备的 IP 地址。当使用 DHCP 方式连接时，可以通过该函数获取到 IP 地址。

语法：

```
Ethernet.localIP()
```

参数：无。

返回值：设备的 IP 地址。

3) maintain()

功能：更新 DHCP 租约。本函数是 Arduino1.0.1 版新增加的函数。

语法：

```
Ethernet.maintain()
```

参数：无。

返回值：byte 型，可为下列值之一。

0：没有改变；

1：更新失败；

2：更新成功；

3：重新绑定失败；

4：重新绑定成功。

2. IPAddress 类

IPAddress 类只有一个构造函数，用于定义一个存储 IP 地址的对象。如 Ethernet.begin (mac，ip)等函数都会依赖该对象。

IPAddress()

功能：定义一个对象用于存储一个 IP 地址。

语法：

```
IPAddress ip(address)
```

参数：

- ip：用户自定义的一个存储 IP 地址的对象。
- address：一个 IP 地址，实际上这里是 4 个 byte 型的参数，需要以逗号分隔，如 192，168，3，3。

3. EthernetServer 类

使用 EthernetServer 类可以创建一个服务器端对象，用于向客户端设备发送数据或者接收客户端传来的数据，其成员函数如下。

1) EthernetServer()

功能：创建一个服务器对象，并指定监听端口，它是 EthernetServer 类的构造函数。

语法：

```
EthernetServer server(port)
```

参数：

- server：一个 EthernetServer 类的对象。
- port：监听的窗口。

2) begin()

功能：使服务器开始监听接入的连接。

语法：

```
server.begin()
```

参数：

- server：一个 EthernetServer 类的对象。

返回值：无。

3) available()

功能：获取一个连接到本服务器且可读取数据的客户端对象。

语法：

```
server.available()
```

参数：

- server：一个 EthernetServer 类的对象。

返回值：一个客户端(EthernetClient 类型)对象。

4) write()

功能：发送数据到所有连接到本服务器的客户端。

语法：

```
server.write(data)
```

参数：

- server：一个 EthernetServer 类的对象。
- data：发送的数据(byte 或 char 类型)。

返回值：发送的字节数。

5) print()

功能：发送数据到所有连接到本服务器的客户端，数据以 ASCII 码的形式一个一个地发送。

语法：

```
server.print(data)
server.print(data, BASE)
```

参数：

- server：一个 EthernetServer 类的对象。
- data：发送的数据(可为 char、byte、int、long 或 string 类型)。
- BASE：指定数据以何种进制形式输出。

返回值：发送的字节数。

6) println()

功能：发送数据到所有连接到本服务器的客户端，并换行，数据以 ASCII 码的形式一个一个地发送。

语法：

```
server.println()
server.println(data)
server.println(data，BASE)
```

参数：

- server：一个 EthernetServer 类的对象。
- data：发送的数据(可为 char、byte、int、long 或 string 类型)。
- BASE：指定数据的输出进制形式。

返回值：发送的字节数。

4. EthernetClient 类

使用 EthernetClient 类可以创建一个对象，用于连接到服务器，并发送/接收数据。其成员函数如下。

1) EthernetClient()

功能：创建一个客户端对象，它是 EthernetClient 类的构造函数。可使用 connect()函数来指定某对象连接到的 IP 地址和端口。

语法：

```
EthernetClient client
```

参数：

- client：一个 EthernetClient 类的对象。

2) if(EthernetClient)

功能：检查指定的客户端是否可用。

语法：

```
if(client)
```

参数：

- client：一个 EthernetClient 类的对象。

返回值：boolean 型值，为 true 表示可用，false 表示不可用。

3) connect()

功能：连接到指定的 IP 地址和端口。

语法：

```
client.connect()
client.connect(ip, port)
client.connect(URL, port)
```

参数：

- client：一个 EthernetClient 类的对象。

返回值：boolean 型值，为 true 表示连接成功，false 表示连接失败。

4) connected()

功能：检查客户端是否已经连接。

语法：

```
client.connected()
```

参数：

- client：一个 EthernetClient 类的对象。

返回值：boolean 型值，为 true 表示已经连接，false 表示没有连接。

5) write()

功能：发送数据到已经连接的服务器上。

语法：

```
client.write(data)
```

参数：

- client：一个 EthernetClient 类的对象。
- data：发送的数据(byte 或 char 类型)。

返回值：发送的字节数。

6) print()

功能：发送数据到已经连接的服务器上，数据会以 ASCII 码的形式一个一个地发送。

语法：

```
client.print(data)
client.print(data，BASE)
```

参数：

- client：一个 EthernetClient 类的对象。
- data：发送的数据(可为 char、byte、int、long 或 string 类型)。
- BASE：指定数据以何种进制形式输出。

返回值：发送的字节数。

7) println()

功能：发送数据到已经连接的服务器上，并换行，数据会以 ASCII 码的形式一个一个地发送。

语法：

```
client.println()
client.println(data)
client.println(data，BASE)
```

参数：

- client：一个 EthernetClient 类的对象。
- data：发送的数据(可为 char、byte、int、long 或 string 类型)。
- BASE：指定数据以何种进制形式输出。

返回值：发送的字节数。

8) available()

功能：获取可读字节数。可读数据为所连接的服务器端发来的数据。

语法：

```
client.available()
```

参数：

- client：一个 EthernetClient 类的对象。

返回值：可读的字节数。

9) read()

功能：读取接收到的数据。

语法：

client.read()

参数：

- client：一个 EthernetClient 类的对象。

返回值：一个字节的数据，如果没有可读数据，则返回 -1。

10) flush()

功能：清除已写入客户端但还没有被读取的数据。

语法：

client.flush()

参数：

- client：一个 EthernetClient 类的对象。

返回值：无。

11) stop()

功能：断开与服务器间的连接。

语法：

client.stop()

参数：

- client：一个 EthernetClient 类的对象。

返回值：无。

4.4.3 Ethernet 的初始化

在使用 Ethernet 功能之前，所有的网络通信程序都需要使用 Ethernet.begin()函数来对网络设备进行初始化，为配置 MAC 地址、IP 地址、子网掩码和网关等信息做准备。

1. 自定义 IP 地址

以下示例展示了 Ethernet 定义 MAC 地址及 IP 地址的方法。MAC 地址用一个 6 字节的数组存储，通常以十六进制形式表示；IP 地址用一个 4 字节的数组存储，通常以十进制的形式表示。示例程序代码如下：

```
#include <SPI.h>
#include<Ethernet.h>
//设置一个 MAC 地址
byte mac[]={0xDE, 0xAD, 0xBE, 0xEF, 0xFE, 0xED};
//设置一个 IP 地址
byte ip[]={192, 168, 1, 177};
```

```
void setup()
{  //初始化 Ethernet 功能
    Ethernet.begin(mac, ip);
}

void loop()
{}
```

2. DHCP 获取 IP 地址

动态主机配置协议(Dynamic Host Configuration Protocol，DHCP)主要用来为局域网中的设备分配动态的 IP 地址。当使用 Ethernet.begin(mac)函数初始化网络功能时，即会开启 DHCP 模式，Arduino 会向路由器请求一个 IP 地址。成功获取 IP 地址后，可以使用 Ethernet.localIP()读出本设备的 IP 地址，代码如下：

```
#include <SPI.h>
#include <Ethernet.h>

//为你的控制器输入一个 MAC 地址
//新的 Ethernet 扩展板都有一个 MAC 地址贴在背面
byte mac[] = {
    0x00, 0xAA, 0xBB, 0xCC, 0xDE, 0x02
};

//初始化 Ethernet 客户端库
EthernetClient client;

void setup()
{  //打开串口通信并连接到端口
    Serial.begin(9600);
    //开始网络连接
    if (Ethernet.begin(mac) == 0)
    {
        Serial.println("Failed to configure Ethernet using DHCP");
        //连接失败，进入一个死循环
        for (;;);
    }
    //输出本地的 IP 地址
    printIPAddress();
}
```

```
void loop() {
    switch (Ethernet.maintain())
    {
        case 1:
            //更新失败
            Serial.println("Error: renewed fail");
            break;

        case 2:
            //更新成功
            Serial.println("Renewed success");

            //打印本地 IP 地址
            printIPAddress();
            break;

        case 3:
            //重新绑定失败
            Serial.println("Error: rebind fail");
            break;

        case 4:
            //重新绑定成功
            Serial.println("Rebind success");

            //打印本地 IP 地址
            printIPAddress();
            break;

        default:
                break;
    }
}

void printIPAddress()
{
    Serial.print("My IP address: ");
    for (byte thisByte = 0; thisByte < 4; thisByte++) {
        //将 4 个字节的 IP 地址逐字节输出
```

```
            Serial.print(Ethernet.localIP()[thisByte], DEC);
            Serial.print(".");
        }
        Serial.println();
    }
```

获取 IP 地址的运行结果如图 4-7 所示。

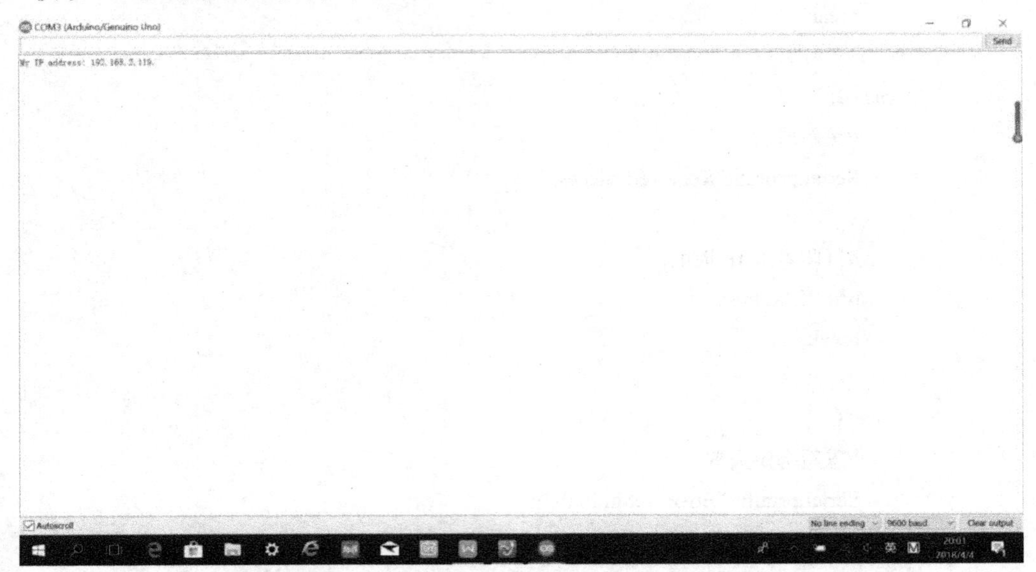

图 4-7　获取 IP 地址

4.4.4　Ethernet 与 Web 应用

1. HTTP 协议简介

超文本传输协议(HyperText Transfer Protocol，HTTP)是分布式、协作式、超媒体系统应用之间的通信协议，是万维网(World Wide Web，WWW)交换信息的基础，它允许将超文本标记语言(HTML)文档从 Web 服务器传送到 Web 浏览器。HTML 是一种用于创建文档的标记语言，这些文档包含相关信息的链接，可以通过单击一个链接来访问其他文档、图像或多媒体对象，并获得相关链接项的附加信息。

在制作 Arduino 网页服务器或者客户端时，需要了解 HTTP 协议的大致原理。

HTTP 是一个基于请求与响应模式的、无状态的应用层的协议，常基于 TCP 的连接方式，绝大多数的 Web 开发都是构建在 HTTP 协议之上的 Web 应用。当使用浏览器(客户端)访问一个网页时，大致要经过以下三个步骤：

(1) 用户输入网址后，浏览器(客户端)会向服务器发出 HTTP 请求；

(2) 服务器收到请求后会返回 HTML 形式的文本以响应请求；

(3) 浏览器收到服务器返回的 HTML 文本后，将文本转换为网页显示出来。

当客户端访问网页时，会先发起 HTTP 请求。HTTP 请求由三部分组成，分别是请求行、请求报头和请求正文。

(1) 请求行：请求行以一个方法符号开头，以空格分开，后面跟着请求的网页地址和协议的版本。请求行格式是 Method Request-URI HTTP-Version CRLF，其中各参数意义如表 4-4 所示。

表 4-4 HTTP 请求参数

参 数	说 明
Method	请求方法
Request-URI	资源标识符，即需要访问的网页地址
HTTP-Version	请求的 HTTP 协议版本，在 Arduino 中，通常使用 HTTP1.0
CRLF	回车和换行，表示 HTTP 请求结束

Method 请求方法有多种，经常使用的有 GET 和 POST 两种，如表 4-5 所示。

表 4-5 Method 方法

Method 方法	说 明
GET	请求获取 Request-URI 所标识的资源
POST	在 Request-URI 所标识的资源后附加新的数据

(2) 请求报头：请求报头允许客户端向服务器端传递请求的附加信息以及客户端自身的信息。常用的报头有如下两种：

① Accept：请求报头域用于指定客户端接收哪些类型的信息，例如 Accept:text/html，表明客户端希望接收 HTML 文本。

② Host：请求报头域主要用于指定被请求资源的 Internet 主机和端口号，它通常是从网页地址中提取出来的。例如，在浏览器中输入 http://www.arduino.cn 网址后，在浏览器发送的请求消息中会包含 Host 请求报头域 Host:www.arduino.cn，此处使用了默认端口号 80，若指定了端口号，则 Host 请求报头域变成 Host:www.arduino.cn(指定端口号)。

(3) 请求正文：请求正文可以包含更多的请求信息，但在 Arduino 中使用不多，在此不做论述。

2. HTTP 响应

服务器在接收到 HTTP 请求消息后，会返回一个响应消息。HTTP 响应也是由三个部分组成的，分别是状态行、响应报头和响应正文。

(1) 状态行：状态行格式是 HTTP-Version Status-Code Reason-Phase CRLF，其中各参数的意义如表 4-6 所示。

表 4-6 HTTP 响应参数

参 数	说 明
HTTP-Version	服务器 HTTP 协议的版本
Status-Code	服务器发回的状态响应代码
Reason-Phrase	状态代码的文本描述
CRLF	回车和换行，表示 HTTP 响应结束

常见的状态代码和文本描述如表 4-7 所示。

表 4-7　状态和文本描述

状态代码及文本描述	说　明
200 (ok)	客户端请求成功
400 (Bad Request)	客户端请求有语法错误，不能被服务器所理解
401 (Unauthorized)	请求未经授权
403 (Forbidden)	服务器收到请求，但是拒绝提供服务
404 (Not Found)	请求资源不存在
500 (Internet Server Error)	服务器发生不可预期的错误
503 (Server Unavailable)	服务器当前不能处理客户端的请求，一段时间后可能恢复正常

(2) 响应报头：响应报头允许服务器传递不能放在状态行中的附加响应信息，以及关于服务器的信息和对 Request-URI 所标识的资源进行下一步访问的信息。

(3) 响应正文：响应正文是服务器返回资源的内容。例如，浏览器获取到返回的可利用的 HTML 文本后，就可以将其显示为网页了。

4.4.5　网页客户端

当使用浏览器访问网站时，会在浏览器的地址栏中输入需要访问的域名，浏览器会先通过 DNS 服务器连接到域名所对应的网站服务器，再将主域名后的数据用 GET 方法发送到服务器上，请求获取对应的数据。服务器收到请求后，即会返回对应的数据。

如在浏览器地址中输入“www.baidu.com/s?wd=Arduino”，浏览器会先连接到百度服务器，然后发送以 GET 方法发送的数据“GET/s？wd=ArduinoHTTP/1.0”，并以回车和换行(CRLF)结束请求。

这里将使用 Arduino 作为一个网页客户端连接到百度上，通过发送“GET/s？wd=关键字 HTTP/1.0”来使用百度搜索功能，代码如下所示，运行结果如图 4-8 所示。

```
#include <SPI.h>
#include <Ethernet.h>

//输入 MAC 地址
//每个新的 Ethernet 扩展板都有一个 MAC 地址
byte mac[] = { 0xDE, 0xAD, 0xBE, 0xEF, 0xFE, 0xED };

char server[] = "www.baidu.com";                //输入要访问的域名
IPAddress ip(192, 168, 0, 177);
//如果 DHCP 不工作，可以分配一个静态的 IP 地址

//初始化客户端功能
EthernetClient client;
```

```
void setup()
{   //初始化串口通信
    Serial.begin(9600);

    //开始 Internet 连接
    if (Ethernet.begin(mac) == 0)
    {
        Serial.println("Failed to configure Ethernet using DHCP");
        //如果 DHCP 方式获取 IP 地址失败，则使用自定义 IP
        Ethernet.begin(mac, ip);
    }
    //等待 1 s 用于 Ethernet 扩展板完成初始化
    delay(1000);
    Serial.println("connecting...");

    //如果连接成功，则通过串口输出返回数据
    if (client.connect(server, 80))
    {
        Serial.println("connected");
        //发出 HTTP 请求
        client.println("GET /search?q=arduino HTTP/1.1");
        client.println("Host：www.baidu.com");
        client.println("Connection：close");
        client.println();
    } else {
        //如果连接失败，则输出显示
        Serial.println("connection failed");
    }
}

void loop()
{   //如果有可读的服务器返回数据，则读取并输出数据
    if (client.available())
    {
        char c = client.read();
        Serial.print(c);
    }

    //如果服务器中断了连接，则中断客户端的功能
```

```
    if (!client.connected())
    {
        Serial.println();
        Serial.println("disconnecting.");
        client.stop();
        //进入一个死循环，相当于停止程序
        while (true);
    }
}
```

```
COM3 (Arduino/Genuino Uno)

connecting...
connected
HTTP/1.1 301 Moved Permanently
Date: Sun, 08 Apr 2018 03:25:44 GMT
Server: Apache
Location: http://www.baidu.com/search/?q=arduino
Cache-Control: max-age=86400
Expires: Mon, 09 Apr 2018 03:25:44 GMT
Content-Length: 246
Connection: Close
Content-Type: text/html; charset=iso-8859-1

<!DOCTYPE HTML PUBLIC "-//IETF//DTD HTML 2.0//EN">
<html><head>
<title>301 Moved Permanently</title>
</head><body>
<h1>Moved Permanently</h1>
<p>The document has moved <a href="http://www.baidu.com/search/?q=arduino">here</a>.</p>
</body></html>

disconnecting.
```

图 4-8　网页客户端

4.4.6　网页服务器

这里使用 Arduino Ethernet 建立一个简单的网页服务器，当 Arduino 服务器接收浏览器访问请求时，即会发送响应消息，浏览器接收响应消息后，会将其中包括的 HTML 文本转换为网页显示出来。这样就可以将传感器获取到的信息显示到网页上，每个在该网络范围内的计算机或其他移动设备，无论什么平台都可以通过网页浏览器了解到各传感器的数据。示例代码如下：

```
#include <SPI.h>
#include <Ethernet.h>

//设定 MAC 地址和 IP 地址
// IP 地址需要参考本地网络的设置
```

```
byte mac[] = {
    0xDE, 0xAD, 0xBE, 0xEF, 0xFE, 0xED
};
IPAddress ip(192, 168, 1, 177);
//初始化 Ethernet 库
//HTTP 的默认端口为 80
EthernetServer server(80);

void setup()
{   //初始化串口通信
    Serial.begin(9600);
}
    //开始 Ethernet 连接并作为服务器初始化
    Ethernet.begin(mac, ip);
    server.begin();
    Serial.print("server is at ");
    Serial.println(Ethernet.localIP());
}

void loop()
{   //监听客户端传来的数据
    EthernetClient client = server.available();
    if (client)
    {
        Serial.println("new client");
        //HTTP 请求结尾有一个空行
        boolean currentLineIsBlank = true;
        while (client.connected())
        {
            if (client.available()) {
                char c = client.read();
                Serial.write(c);
                //如果收到空白行，则说明 HTTP 请求结束，并发送响应消息
                if (c == '\n' && currentLineIsBlank) {
                    //发送标准的 HTTP 响应
                    client.println("HTTP/1.1 200 OK");
                    client.println("Content-Type: text/html");
                    client.println("Connection: close");
                    client.println("Refresh: 5");          //浏览器每 5s 刷新一次
```

```
                    client.println();
                    client.println("<!DOCTYPE HTML>");
                    client.println("<html>");
                    //输出每个模拟口读到的值
                    for (int analogChannel = 0; analogChannel < 6; analogChannel++)
                    {
                        int sensorReading = analogRead(analogChannel);
                        client.print("analog input ");
                        client.print(analogChannel);
                        client.print(" is ");
                        client.print(sensorReading);
                        client.println("<br />");
                    }
                    client.println("</html>");
                    break;
                }
                if (c == '\n') {
                    //已经开始一个新行
                    currentLineIsBlank = true;
                }
                else if (c != '\r')
                {
                    //在当前行已经得到一个字符
                    currentLineIsBlank = false;
                }
            }
        }
        //等待浏览器接收数据
        delay(1);
        //断开连接
        client.stop();
        Serial.println("client disconnected");
    }
}
```

下载程序后，通过浏览器访问 Arduino Ethernet 所在的 IP 地址(如程序中设定的 IP 地址为 192.168.1.177)，即可看到如图 4-9 所示的网页了。

在网页中显示了 A0～A5 所读出的模拟值，也可以通过修改以上程序显示其他类型的数据。

图 4-9 网页服务器

4.5 蓝 牙 通 信

4.5.1 蓝牙模块

蓝牙(Blue-Tooth)是一种支持设备短距离通信的无线电技术，由于其建立连接简单，支持全双工传输且传输速率快，一般应用在移动电话、笔记本电脑、无线耳机和 PDA 等设备上。

早在 1994 年，爱立信公司就开始研发蓝牙技术了。经过了多年的发展，蓝牙由最初的一家公司研究逐渐成为现在拥有全球性的技术联盟和推广组织。由于蓝牙的低功耗、低成本、安全稳定且易于使用的特性使得其在全球范围内的使用非常广泛。蓝牙标志如图 4-10 所示。

图 4-10 蓝牙标志

Arduino 同样支持蓝牙通信，只需要安装一个蓝牙串口模块，该模块有 4 个接线管脚，分别是电源 5 V、GND 和串口通信收发端 TX、RX。实际上，蓝牙模块相当于 Arduino 与其他设备进行通信的桥梁，利用蓝牙模块可以替代 USB 将 Arduino 连接到电脑上，也可以让 Arduino 连接其他使用蓝牙功能的设备。

在本例中演示安卓智能手机与 Arduino 的蓝牙模块通信，手机需要安装蓝牙通信软件。

4.5.2 HC-05 蓝牙模块

HC-05 蓝牙模块的特点如下：

(1) 采用 CSR 主流蓝牙芯片，蓝牙 V2.0 协议标准。

(2) 输入电压：3.6～6 V，不得超过 7 V。

(3) 波特率为 1200、2400、4800、9600、19 200、38 400、57 600、115 200。

(4) 带连接状态指示灯，LED 快闪表示没有蓝牙连接，LED 慢闪表示进入 AT 命令模式。

(5) 板载 3.3 V 稳压芯片，输入直流电压 3.6～6 V。未配对时，电流约 30 mA(因 LED 灯闪烁，电流处于变化状态)，配对成功后，电流大约 10 mA。

(6) 用于 GPS 导航系统、水电煤气抄表系统以及工业现场采控系统。

(7) 可以与蓝牙笔记本电脑、电脑加蓝牙适配器等设备进行无缝连接。

(8) HC-05 嵌入式蓝牙串口通信模块(以下简称模块)具有两种工作模式：命令响应工作模式和自动连接工作模式，在自动连接工作模式下模块又可分为主(Master)、从(Slave)和回环(Loopback)三种工作角色。当模块处于自动连接工作模式时，将自动根据事先设定的方式连接进行数据传输；当模块处于命令响应工作模式时能执行所有 AT 命令，用户可向模块发送各种 AT 指令，为模块设定控制参数或发布控制命令。HC-05 蓝牙模块如图 4-11 所示。在使用 HC-05 之前，可以先对它进行配置。

图 4-11 HC-05 蓝牙模块

4.5.3 电路连接

蓝牙模块连接如图 4-12 所示，通过安卓手机的蓝牙功能控制 Arduino 板上 LED 灯的亮灭，但要注意，蓝牙上的 TXD 要连接 Arduino 上的 RXD，而 RXD 要连接 Arduino 上的 TXD、VCC 和 GND 则对应相连即可，具体连接如表 4-8 所示，连接完的电路如图 4-12 所示。

表 4-8 蓝牙电路连接表

Arduino	HC-05
5 V	VCC
GND	GND
RXD	TXD
TXD	RXD

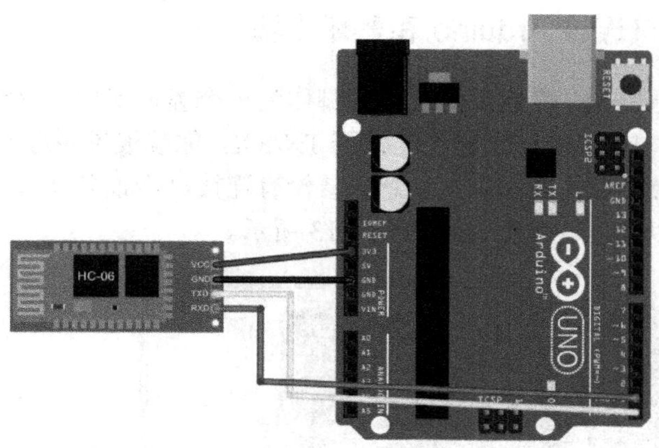

图 4-12 蓝牙连接图

手机端的操作读者可自行搜索蓝牙串口助手等类似软件，安装之后打开并连接上蓝牙模块。用手机软件发送“q”，串口监视器返回“LED ON!”，同时可看到板载 LED 灯打开了；发送“w”，串口监视器返回“LED OFF!”，同时可看到板载 LED 灯熄灭了。程序如下：

```
char val;
int ledpin=13;

void setup()
{
    Serial.begin(9600);                 //设置波特率
    pinMode(ledpin, OUTPUT);
}

void loop()
{
    val=Serial.read();                  //从串口读数据
    if(val=='q')
    {
        digitalWrite(ledpin, HIGH);
        Serial.println("LED ON");
    }
    else if(val=='w'){
        digitalWrite(ledpin, LOW);
        Serial.println("LED OFF");
    }
}
```

4.5.4　使用虚拟串口连接 Arduino 和蓝牙模块

我们使用 SoftwareSerial 库启用两数字管脚作为一个虚拟串口，这样做是为了释放硬件 TX/RX 管脚。因为如果你把蓝牙模块连接到 TX/RX，你就很难通过 USB 上传程序。当电源打开时，蓝牙 LED 灯不断闪烁，这意味着没有连接。当设备连接上时，每秒闪两次则表示配对完毕，可以通信。电路连接如图 4-13 所示。

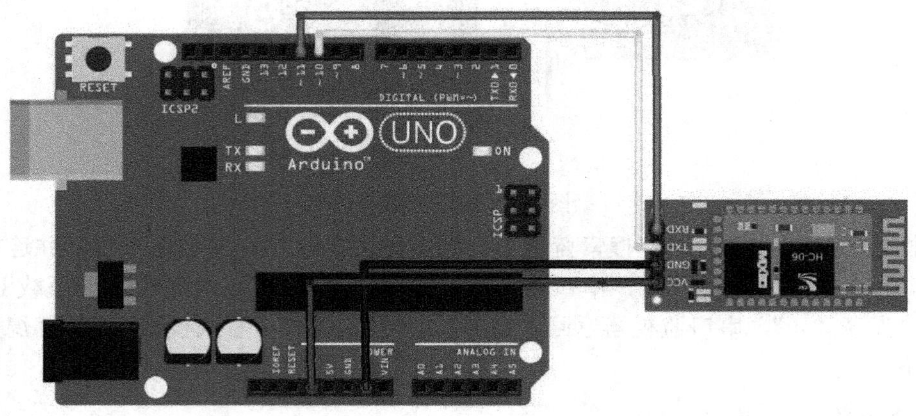

4-13　虚拟串口蓝牙连接图

虚拟串口蓝牙程序如下：

```
#include <SoftwareSerial.h>                    //输入串口库

SoftwareSerial mySerial(10, 11);               //定义 RX/TX
int ledpin=13;                                 //板载 LED
int BluetoothData;                             //从手机串口给出的数据

void setup()
{
    Serial.begin(4800);
    Serial.println("Type AT commands!");
    mySerial.begin(9600);
    Serial.println("Bluetooth On please press 1 or 0 blink LED ..");
    pinMode(ledpin, OUTPUT);
}

void loop()
{
    if (mySerial.available())
    {
```

```
        BluetoothData=mySerial.read();
        if(BluetoothData=='1')                  //如果按下数字 1
        {
            digitalWrite(ledpin, 1);
            Serial.println("LED On D13 ON ! ");
        }
        if (BluetoothData=='0')
        {   //如果按下数字 0
            digitalWrite(ledpin, 0);
            Serial.println("LED On D13 Off ! ");
        }
    }
    delay(100);                                 //为下一个数据做准备
}
```

第五章　物联网服务平台

随着技术的突破与发展，物联网近几年的发展可谓一日千里，“物联网+”逐渐替代“互联网+”，成为业内关注的焦点。众多物联网企业都瞄准了“物联网平台”这个发展方向，因为平台在整个物联网体系架构中起着承上启下的关键作用。物联网平台可以实现底层终端设备的“管、控、营”一体化，为上层提供应用开发和统一接口，构建终端设备和业务的端到端通道。

本章学习目标

- 物联网平台概述；
- Cayenne 平台；
- NodeMCU；
- MQTT 协议；
- 乐为物联。

5.1　物联网平台概述

物联网是于 2005 年由国际电信联盟(ITU)正式提出的。如今射频识别技术以及无线传感网络发展也进一步拓宽了物联网设备的应用范围。而互联网预测中心也指出到 2025 年全球物联网设备将达到 416 亿台，也就是全球平均每人会携带至少 5 个物联网装置。

物联网平台是物联网网络架构和产业链条中的关键枢纽。IBM、AMAZON、思科、GE 和其他巨头们的物联网平台提拱了多层的解决方案，简化了物联网基础设施和企业数据的设计、创建、集成和管理。截止目前，物联网平台被广泛应用，包括硬件操作管理、安全性、预测性维护和资产跟踪的打包应用程序等。但是这些物联网服务的对象多以政府机构和大型企业为主，实施的周期长，需要投入的资金规模过于巨大。而对于很多中小企业而言，他们不一定有专门的服务器、软硬件技术支持以及大量的资金去独立研发一个专属的物联网平台。作为占企业数量主流的中小型企业来说，由于承受风险能力较弱，花费大量时间和财力投入到物联网平台的建设中不太现实，而且对于物联网的需求，企业很难一次就把握清楚。

因此，针对中小型企业的小型物联网项目工程，可以有效地利用开放物联网平台，如国内的乐为物联或者美国的 Cosm，能够大大加速应用层开发的速度，很快地把原型系统拿到现场进行原型验证，甚至可以在项目实施的时候直接使用平台进行数据的托管，从而有效降低项目开发的风险，既可节省维护系统的精力，还能够减少成本。

5.2　国内常见的物联网平台

5.2.1　百度“天工”智能物联网平台

1. 简介

2016 年 7 月百度推出了名为“天工”的智能物联网平台，该平台更侧重于面向工业制造、能源、物流等行业的产业物联网。百度天工是一个端到云的全栈物联网平台，包含物接入、物解析、物管理、时序数据库和规则引擎五大产品，以千万级设备接入能力、百万数据点每秒的读写性能、超高的压缩率，端到端的安全防护和无缝对接天算智能大数据平台的能力，为客户提供极速、安全、高性价比的智能物联网服务。百度天工物联网平台的标志如图 5-1 所示。

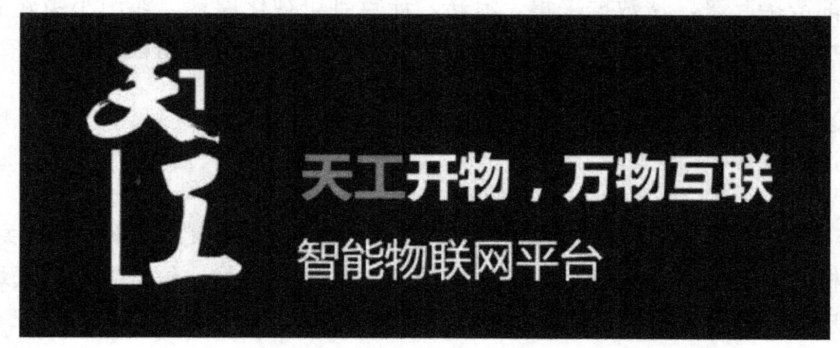

图 5-1　百度天工物联网平台标志

2. 优势

百度天工作为智能化的物联网平台，将“云计算＋大数据＋人工智能”三体合一。天工赋能更多的行业软件 SaaS 服务，能够降低产业客户的上云成本，真正实现产业物联网。

3. 百度天工的应用案例

(1) 以风力发电为例，百度天工已经将深度学习等人工智能技术应用于风机的预测性维保领域，将风机的故障预测准确率提升到 90%，故障预测召回率高达 99%，实现了人工智能与物联网的深度融合，极大地降低了设备运维成本和停机时间，延长了设备的生命周期。

(2) 太原铁路局使用了百度天工物联网平台高并发、高效率的数据接入，利用大数据对海量数据进行了分析并利用了机器学习算法进行了调度优化。最终运行的效果表明，太原铁路局实现了业内实时最优物流调度，比原有调度效率提升了 59%。

5.2.2 阿里云物联网平台

1. 简介

2017 年 6 月 10 日，在 IoT 合作伙伴计划大会(ICA)上，阿里巴巴 IoT 联合 200 多家 IoT 产业链企业宣布成立 IoT 合作伙伴联盟；同年 10 月 12 日，阿里云在云栖大会上发布了物联网平台，借助阿里云在云计算、人工智能领域的积累，将物联网打造为智联网。物联网平台建设了物联网云端一体化使能平台、物联网市场和 ICA 全球标准联盟三大基础设施，推动了生活、工业和城市三大领域的智联网建设。

2. 优势

阿里云物联网平台融合了云上网关、规则引擎、共享智能平台、智能服务集成等产品和服务，使开发者能够实现全球快速接入、跨厂商设备互联互通、调用第三方智能服务等，快速搭建稳定可靠的物联网应用。

3. 阿里云物联网平台的应用案例

无锡鸿山与阿里云联合打造的首个物联网小镇，借助飞凤平台，无锡鸿山实现了交通、环境、水务、能源等多个城市管理项目的在线运营，遍布整个小镇的传感设备将这座城市的每个部件都链接起来，从数据采集、流转、计算到可视化展现，鸿山小镇建立起诸如污染监控、排水全链路仿真、市政设施监控等多个项目的城市运营智能化。

5.2.3 QQ 物联智能硬件开放平台

1. 简介

2014 年 10 月，“QQ 物联智能硬件开放平台”发布，将 QQ 账号体系及关系链、QQ 消息通道等核心能力提供给可穿戴设备、智能家居、智能车载、传统硬件等领域的合作伙伴，实现用户与设备及设备与设备之间的互联互通互动，充分利用和发挥腾讯 QQ 的亿万手机客户端及云服务的优势，更大范围帮助传统行业实现互联网化。QQ 物联网平台如图 5-2 所示。

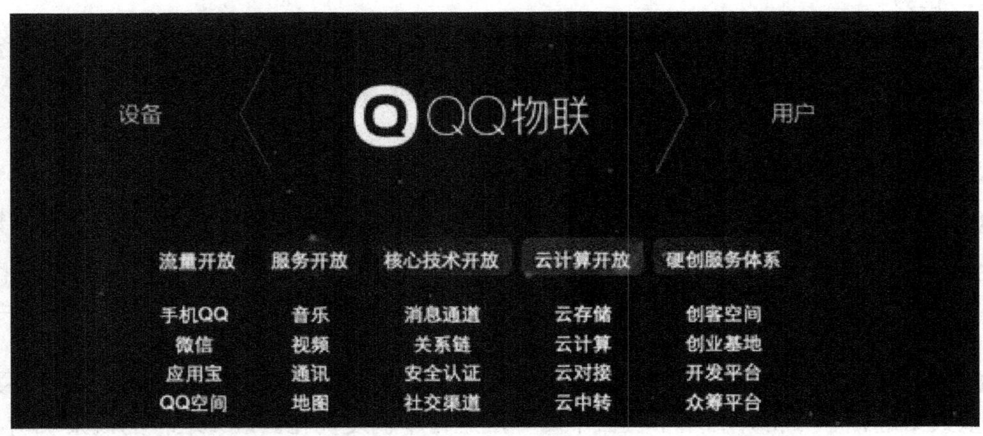

图 5-2　QQ 物联网平台

2. 优势

QQ 物联网平台帮助传统硬件快速转型为智能硬件，帮助合作伙伴降低云端、APP 端等研发成本，提升用户黏性并通过开放腾讯的丰富网络服务，给予硬件更多想象空间。

3. QQ 物联网平台应用案例

硬件设备接入 QQ 物联网平台后，用户可在 QQ 中通过二维码扫描、局域网内查找等方式找到这个设备并添加为 QQ 好友。设备拥有自己的在线状态、昵称/备注名等与普通 QQ 好友相同的属性。

除了 QQ 物联网平台以外，腾讯还有一个物联网的重要平台——微信硬件平台。微信硬件平台是微信继连接人与人、连接企业/服务与人之后，所推出的连接物与人、物与物的 IoT 解决方案。

5.2.4 中国移动 OneNet 物联网开放平台

1. 简介

2014 年 10 月中国移动物联网设备云——OneNet 正式上线。2017 年 11 月，中国移动物联网开放平台 OneNet 实现完成了 NB-IoT 设备通过窄带蜂窝网络接入平台的能力，成为全国首家支持 CoAP + LWM2M 协议、遵循 IPSO 组织制定的 Profile 国际规范、实现 NB-IoT 场景解决方案的物联网平台。

OneNet 拥有流分析、设备云管理、多协议配置、轻应用快速生成、API、在线调试等功能。OneNet 以其领先的平台能力优势，覆盖了新能源、环境保护、车联网等行业应用领域，帮助开发者轻松实现设备接入与设备连接，快速完成产品开发部署，还为智能硬件、智能家居产品提供完善的物联网解决方案。OneNet 物联网平台标志如图 5-3 所示。

图 5-3 OneNet 物联网平台标志

2. 优势

(1) 一站式托管——高效性、低成本；

(2) 多协议智慧解析——包容性、适应性；

(3) 数据存储和大数据分析——可靠性、安全性；

(4) 多维度支撑——即时性、持续性。

3. OneNet 物联网平台应用案例

(1) 与“Hi”电展开合作，协助其解决“设备状态检测”“设备位置监管”“设备信息管理”“反向控制设备”等问题。

(2) 协助上海凤彬网络工程有限公司完成黑龙江珍珠山木耳基地改造，实现智慧种植，极大提升农副产业的营收。

(3) 智慧工厂项目，快速实现工厂智能化和生产效率提升；智能光伏发电项目，让新能源迈向智慧道路。

5.2.5　中国电信 NB-IoT 平台

1. 简介

2017 年 5 月 17 日中国电信宣布建成全球首个覆盖最广的商用新一代窄带物联网(NB-IoT)网络，7 月 13 日 NB-IoT 在北京正式商用。NB-IoT 作为物联网的新兴技术，可广泛服务于政务行业、物流行业、零售、个人消费、智能家庭等，从而实现设备之间物联互通，实现数据的实时获取，提升企业效率并节约成本。

2. 优势

(1) 覆盖广，基于 4G/5G 全覆盖网络部署，有移动网络的地方均可提供物联网服务。

(2) 规模大，全网 31 万台基站同步升级。

(3) 质量优，基于 800 MHz 低频段承载，具有信号穿透能力更强、覆盖能力更优的特点，使得网络质量更稳定。

3. NB-IoT 应用案例

(1) 在北京中关村大街建立 NB-IoT 试点，将 NB-IoT 应用于智能路灯、智能垃圾桶、智能井盖等具体应用上。

(2) 中国电信和骐俊物联在厦门市海沧区开发了 NB-IoT 应用场景——智能独立烟感报警系统，该报警系统是骐俊物联基于独立烟感传感采集技术，以 NB-IoT 低功耗广域网无线传输为核心提出的集“NB-IoT 智能烟感设备＋物联网消防监控管理平台＋智能预警服务平台”为一体的物联网解决方案，可为存在监管难度的小微场所提供一体化的智能火灾报警物联网管理措施，解决火灾预防问题。

5.3　Cayenne 平　台

Cayenne 是一个国外的 IoT 平台，本节介绍 Cayenne 如何与 Arduino 完成一个点亮发光二极管的例子。其操作步骤如下：

(1) 登录网站 https://developers.mydevices.com/cayenne/features/，在这个页面上注册信息，生成一个 Cayenne 的账户。输入的信息包括 E-mail 地址、用户名及密码，如图 5-4 所示。

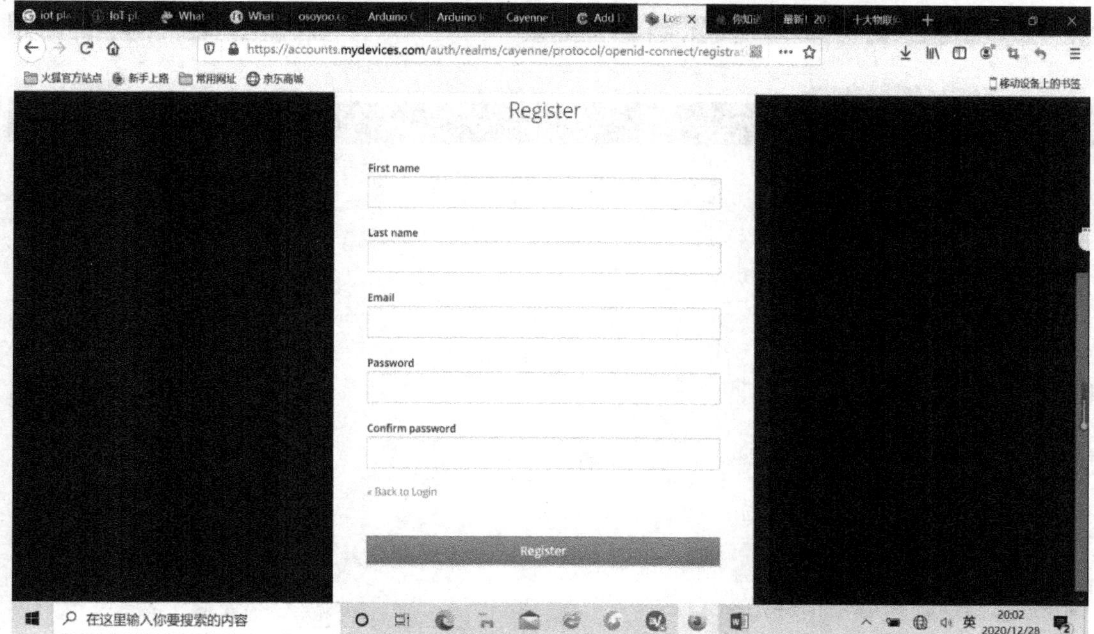

图 5-4　注册 Cayenne

(2) 选择 Arduino 进入 Arduino 界面，如图 5-5 所示。

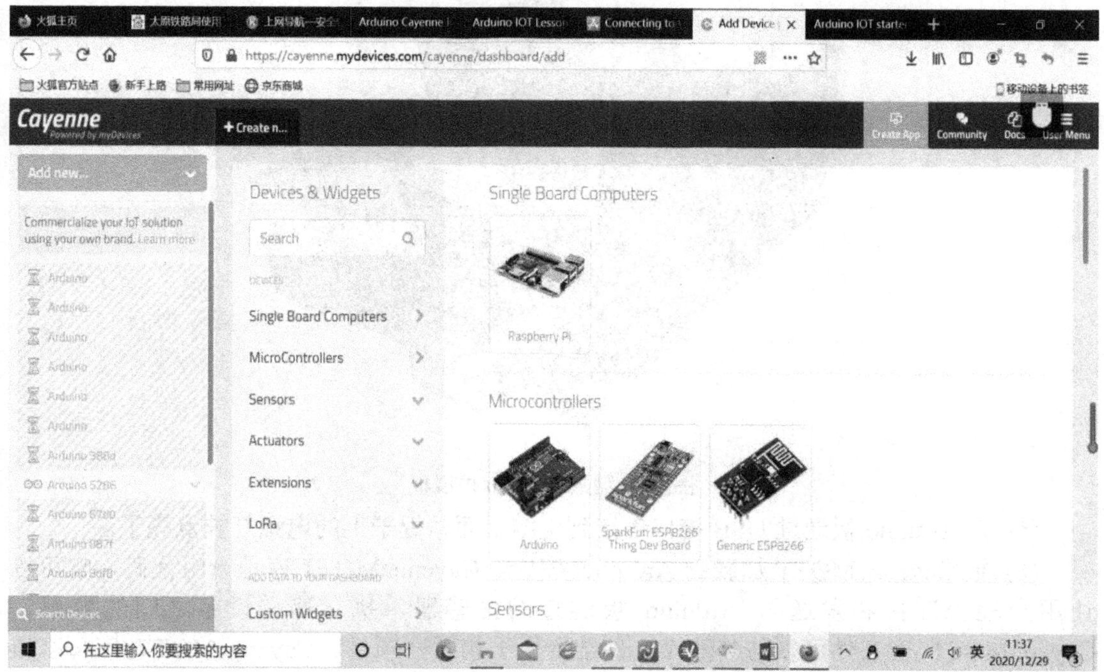

图 5-5　进入 Arduino 界面

(3) 把 Ethernet W5100 扩展板连接到 Arduino 上，如图 5-6 所示。

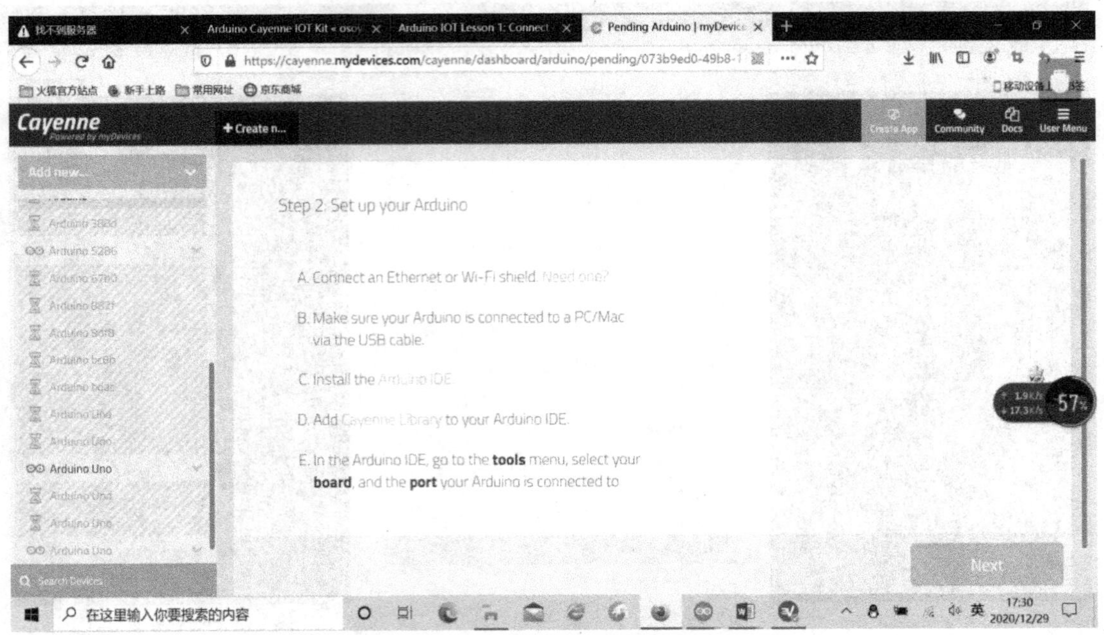

图 5-6　连接 W5100

(4) 连接扩展板，如图 5-7 所示。

图 5-7　连接 W5100 扩展板

(5) 把 Arduino 板通过 USB 接口连接到电脑上面，板子上的电源灯被点亮了。

(6) 把 CayenneMQTT 加载到 Arduino 库中。CayenneMQTT 库是一组代码，它可以让用户轻松连接和发送与 Arduino 板连接的传感器、执行器和设备之间的数据。CayennMQTT 库文件可以与其他库文件结合用于物联网项目。CayenneMQTT 库可直接从 Arduino IDE 列表中获得。安装库时可选择“Sketch”→“Include Library”→“Manage Libraries”菜单栏，打开“Library Manager”对话框，搜索 CayenneMQTT 库并安装它，如图 5-8 所示。

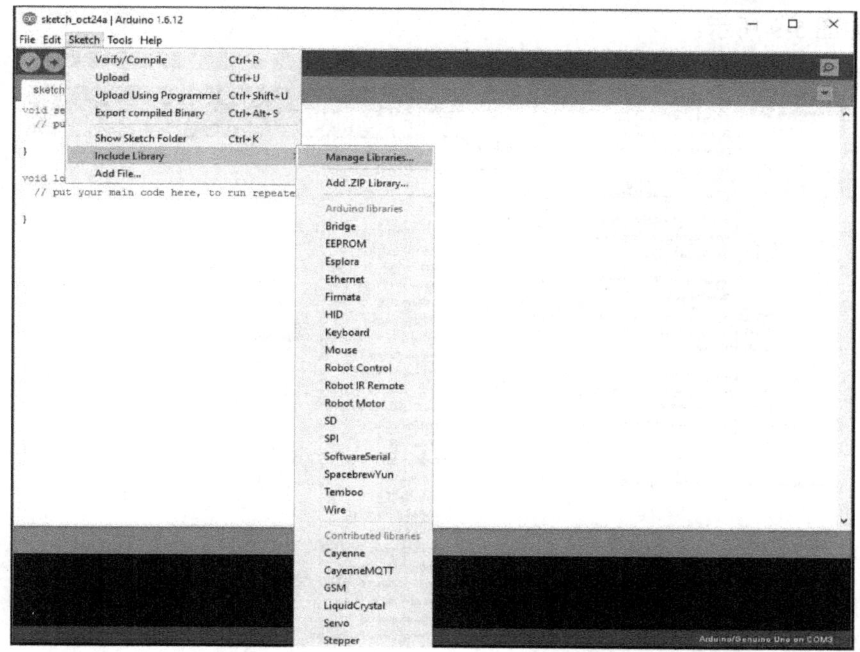

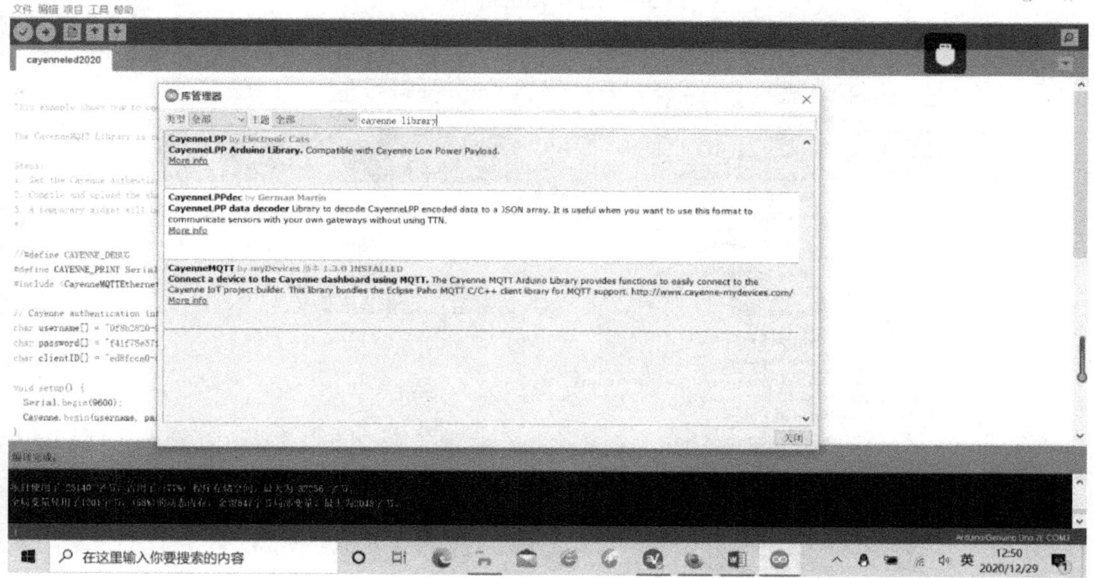

图 5-8　安装 CayenneMQTT 库

(7) CayenneMQTT 库现已扩展到 Arduino 目录中的库文件夹中，可以进入“Sketch”→“Include Library”菜单栏进行验证，在“Contributed Libraries”下拉菜单底部可以看到 CayenneMQTT 库。CayenneMQTT 库现在已准备就绪。

(8) 为了 Arduino 开发板能够成功编程，需要验证是否在 Arduino IDE 中选择了适当的开发板和端口。

首先，在“Tools”→“Board”菜单中选择正确的电路板，一定要选择要编程的电路板类型，如图 5-9 所示。

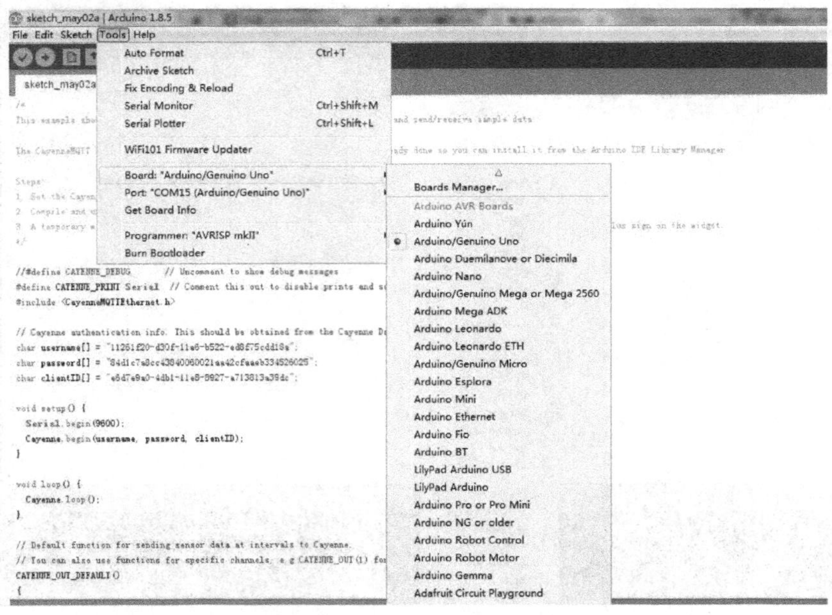

图 5-9　选择 Arduino 板子

然后，确认选择了与 Arduino 通信的正确端口，如图 5-10 所示。

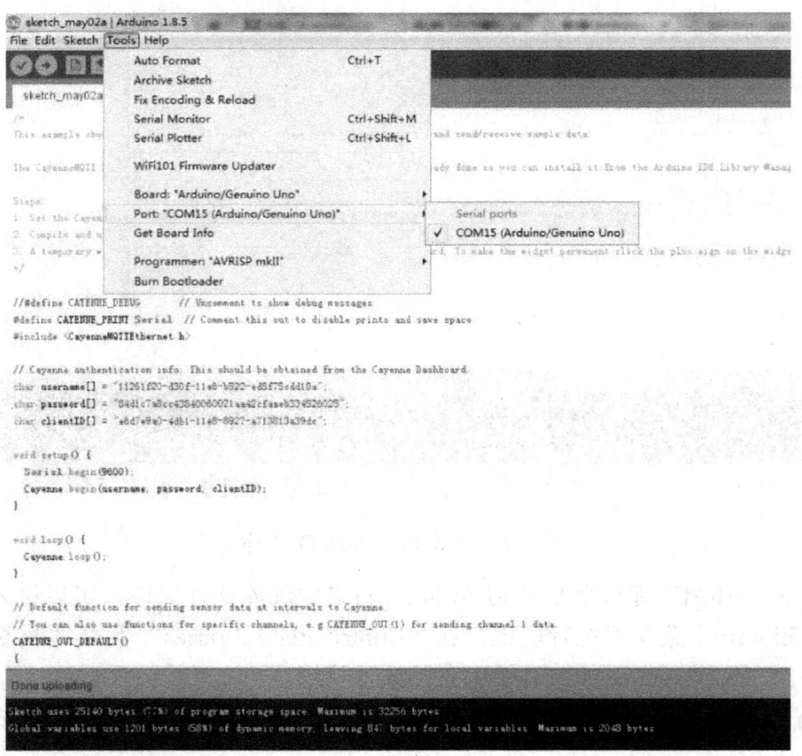

图 5-10　选择端口

(9) 使用 Arduino IDE 和 Cayenne Library 设置好计算机后，即可将 Cayenne 安装到设备上。然后连接开发板与 Cayenne，当用户选择自己的 Arduino 板时，连接列表将出现在板名下面。选择 Arduino Uno，并选择以太网扩展板 W5100，如图 5-11 所示。

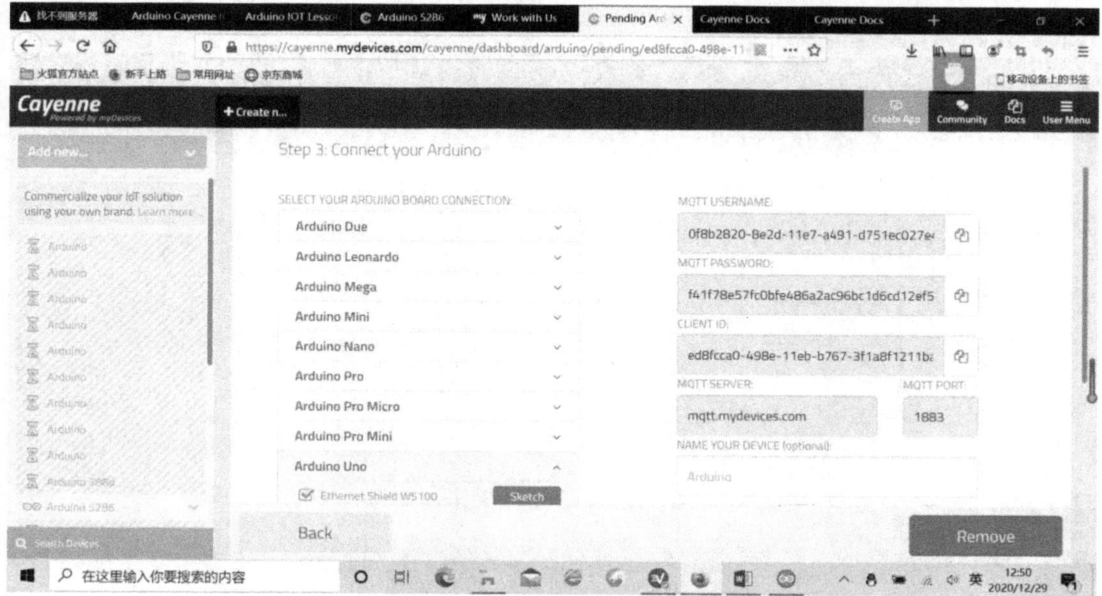

图 5-11　选择 Arduino Uno 及扩展板 W5100

(10) 将代码复制并粘贴到 Arduino IDE 中，然后选择“Sketch”→“Upload”，将代码编译并上传到 Arduino Uno 板，如图 5-12 所示。

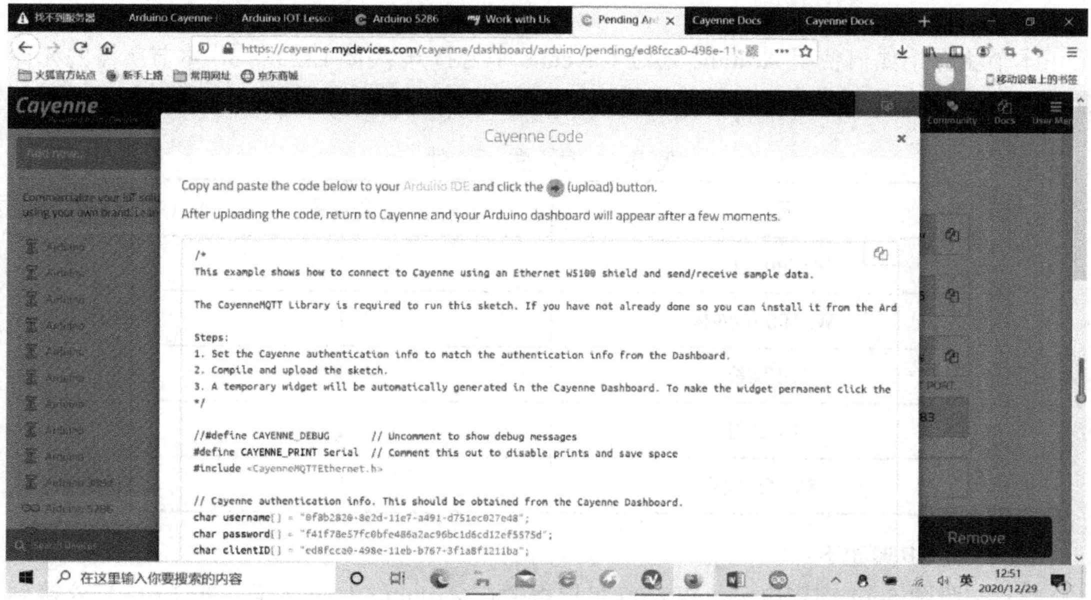

图 5-12　上传代码

(11) 只要 Arduino 设备联机并连接到 Cayenne，就能在在线仪表板中看到 Arduino 板，打开串口，可以看到板子被连接的信息，如图 5-13 所示。

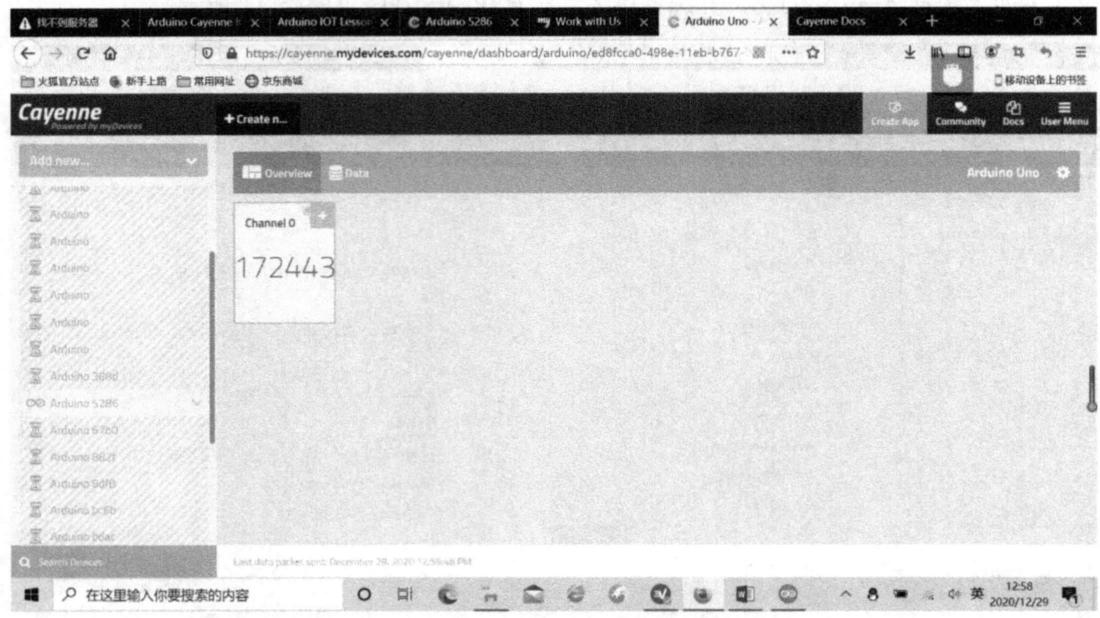

图 5-13　网络 Arduino 面板

5.4　网络控制 LED 灯

本节将介绍如何使用 Arduino 通过 Cayenne 平台打开/关闭 LED 灯。 本节所需的元件如表 5-1 所示。

表 5-1　所 需 元 件

元　件	数　量
Arduino Uno	1
W5100 扩展板	1
USB 线	1
LED 灯	1
200 Ω 电阻	1

具体操作步骤如下：

(1) 按照图 5-14 连接电路，W5100 扩展板插在 Arduino Uno 上面，把 LED 灯连接到第四个数字脚上。

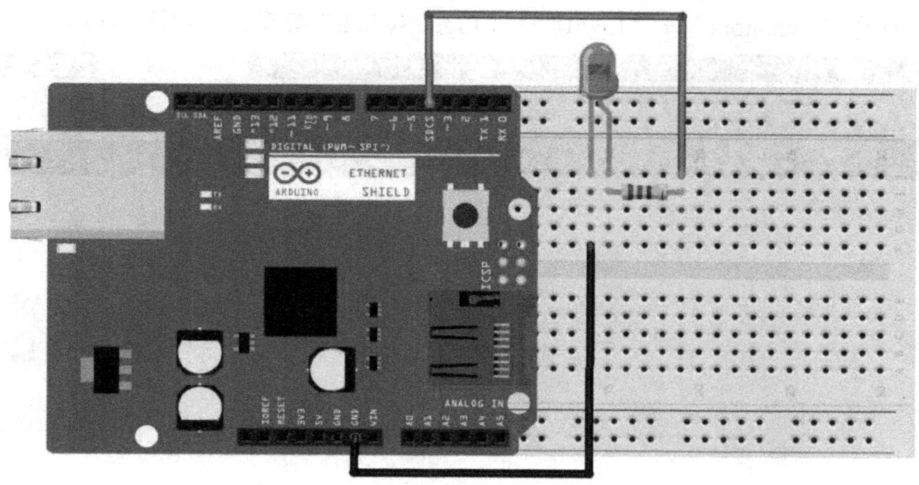

图 5-14 LED 电路连接图

(2) 登录到 Cayenne 平台，添加新的设备，如图 5-15 所示。

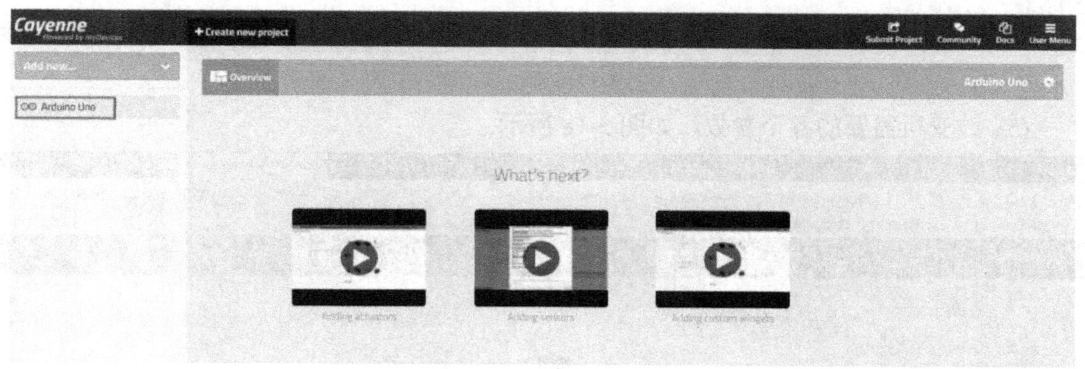

图 5-15 添加设备

(3) 选择“Add new…”→“Device/Widget”，如图 5-16 所示。

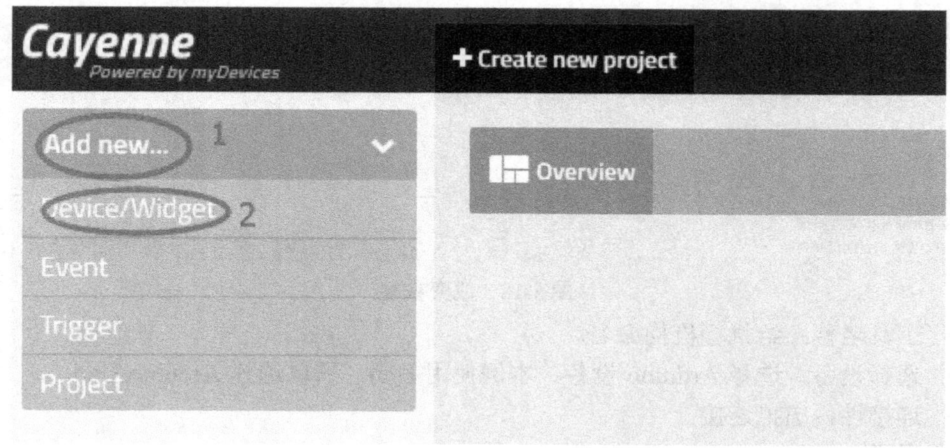

图 5-16 添加面板

(4) 选择“Actuators”→“Light”→“Light Switch”菜单栏，如图 5-17 所示。

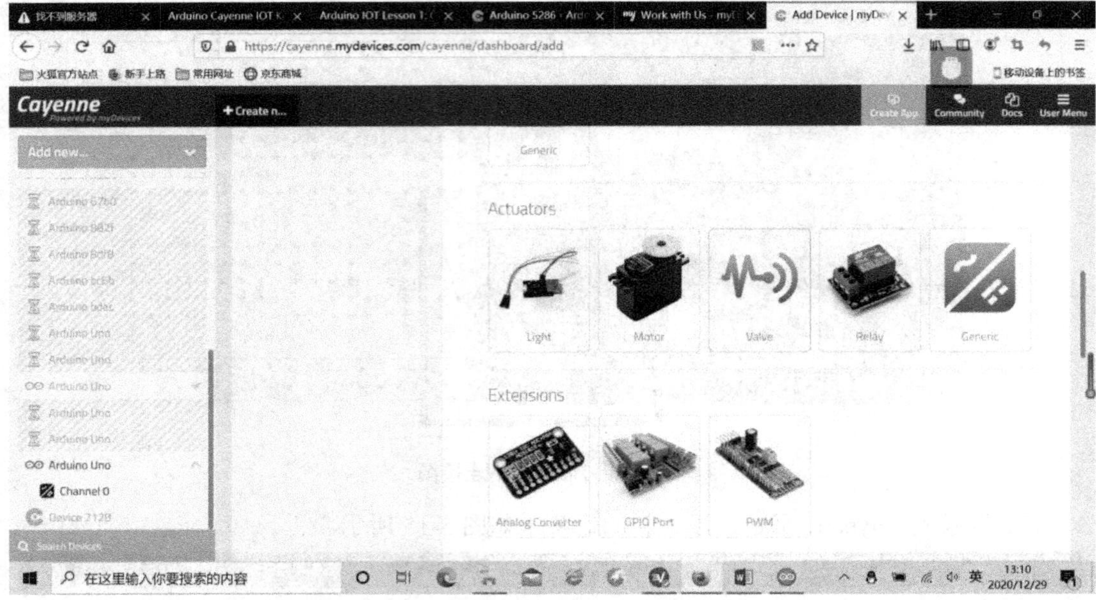

图 5-17　添加驱动器

(5) 改变所需要的各个参数，如图 5-18 所示。

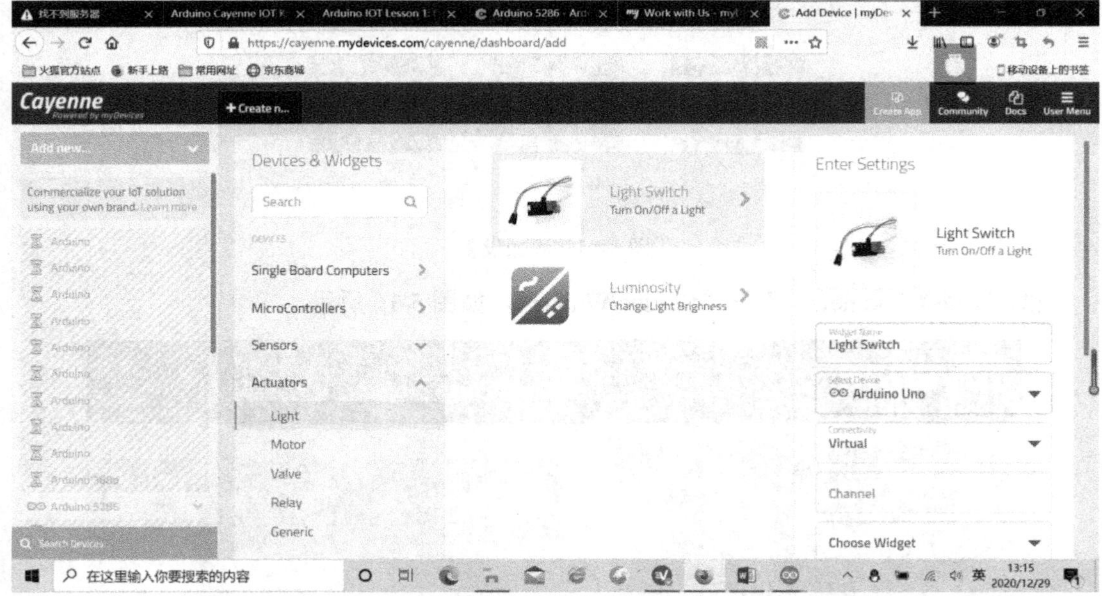

图 5-18　改变参数

- 工具名称：给执行机构命名。
- 选择设备：选择 Arduino 设备，本例使用 Uno，所以选择 Arduino Uno。
- 连接性：虚拟连接。
- 通道：1。

• 选择图标：按钮。

(6) 上传程序，选择所用的端口，如图 5-19 所示。

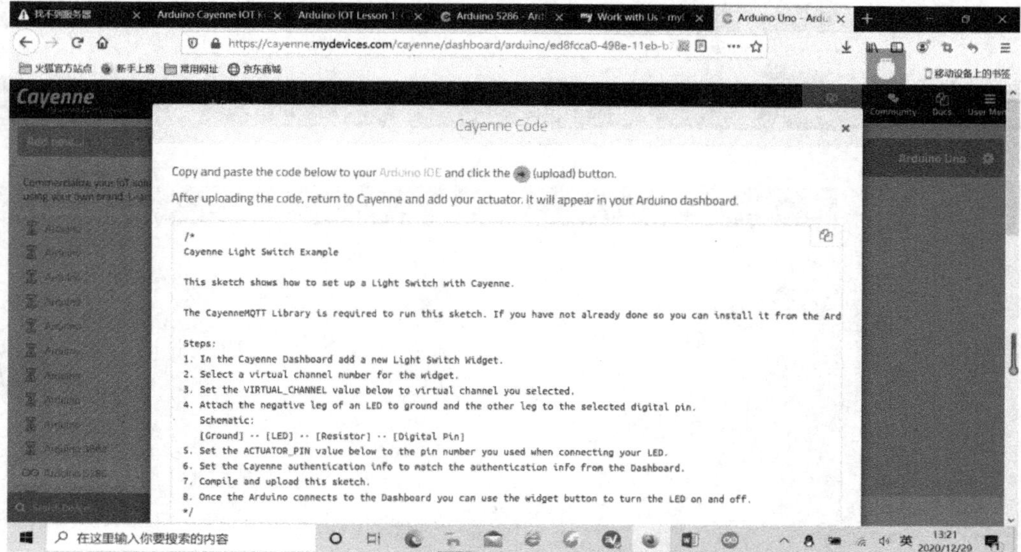

图 5-19　上传程序

(7) 记住要替换上面的内容，如图 5-20 所示。

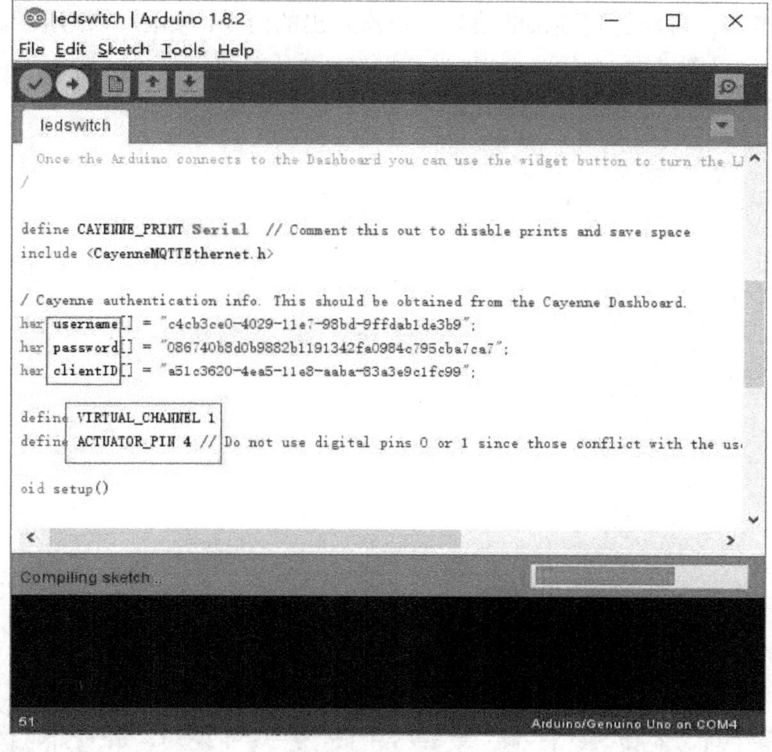

图 5-20　替换的内容

(8) Arduino Uno 面板变成如图 5-21 所示，可以通过“Light Switch”按钮来控制 LED 灯的亮灭。

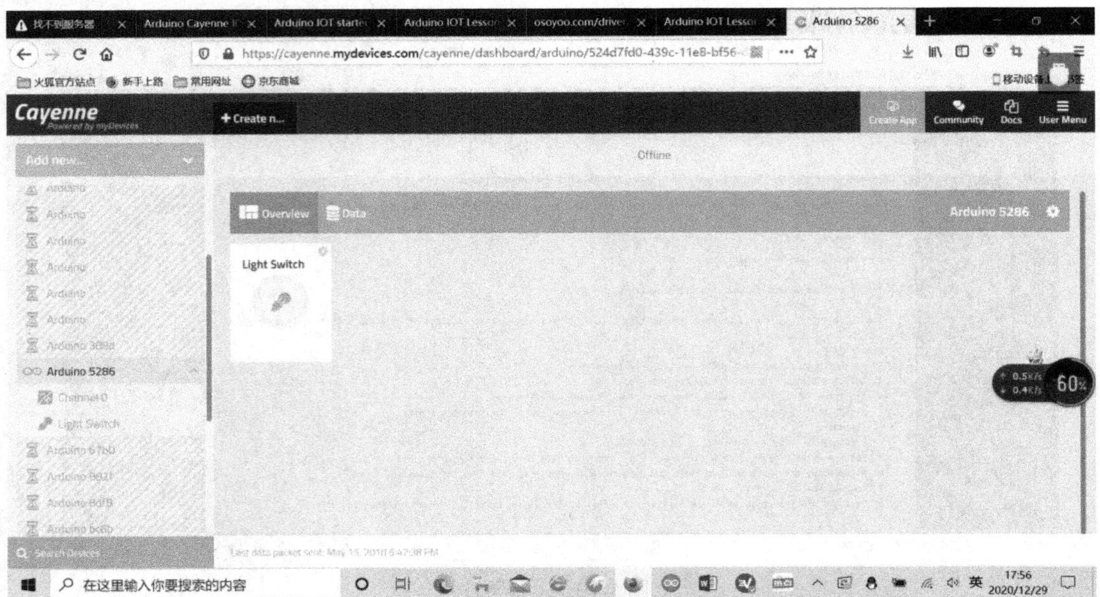

图 5-21　控制面板

(9) 打开串口，可以看到连接的信息和每次发出的命令，如图 5-22 所示。

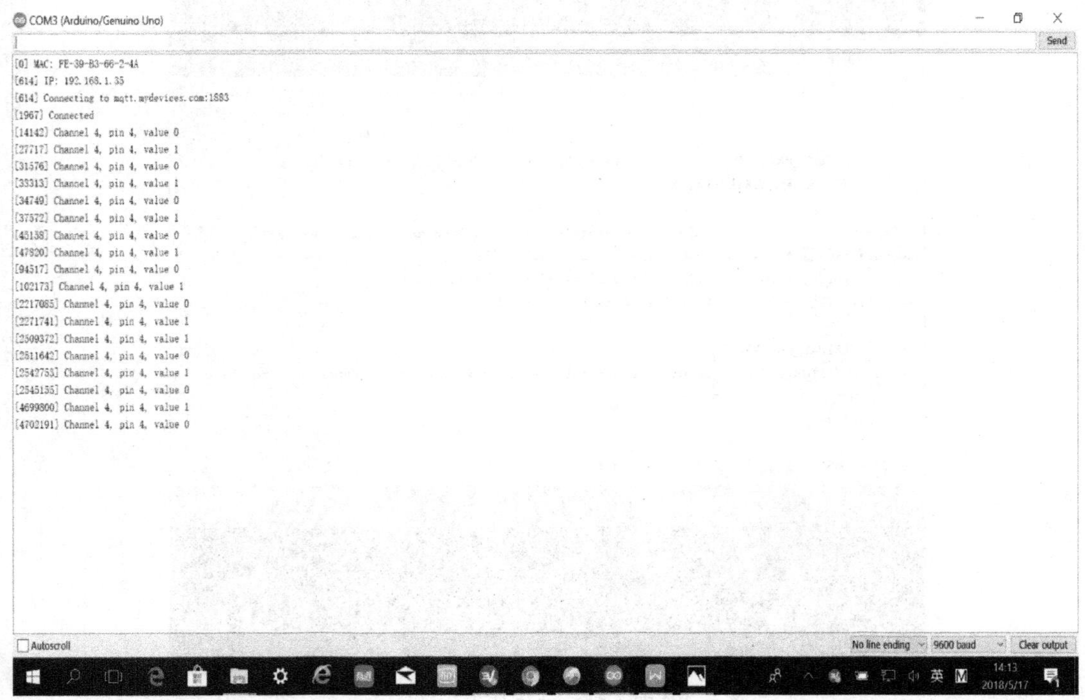

图 5-22　串口显示

5.5　NodeMCU

1. NodeMCU 简介

NodeMCU 开发板功能强大，可用于编程微控制器并成为物联网的一部分。NodeMCU 实物如图 5-23 所示。

图 5-23　NodeMCU 实物

基于 ESP8266EX 的 NodeMCU 开发板是一款带有微控制器，集成 WiFi 接收器和发射器的模块。NodeMCU 支持多种编程语言，因此可以通过 MicroUSB 端口从任何计算机上传程序。这是个相对便宜、易于学习、用户友好的模块，具有开源、交互式、可编程、低成本、简单、智能、WiFi 接口以及与 Arduino IDE 兼容，可以轻松访问无线路由器，并且内置 Json、定时器、PWM、IIC、SPI、1-Wire、Net、MQTT 等特征。NodeMCU 管脚定义如图 5-24 所示。

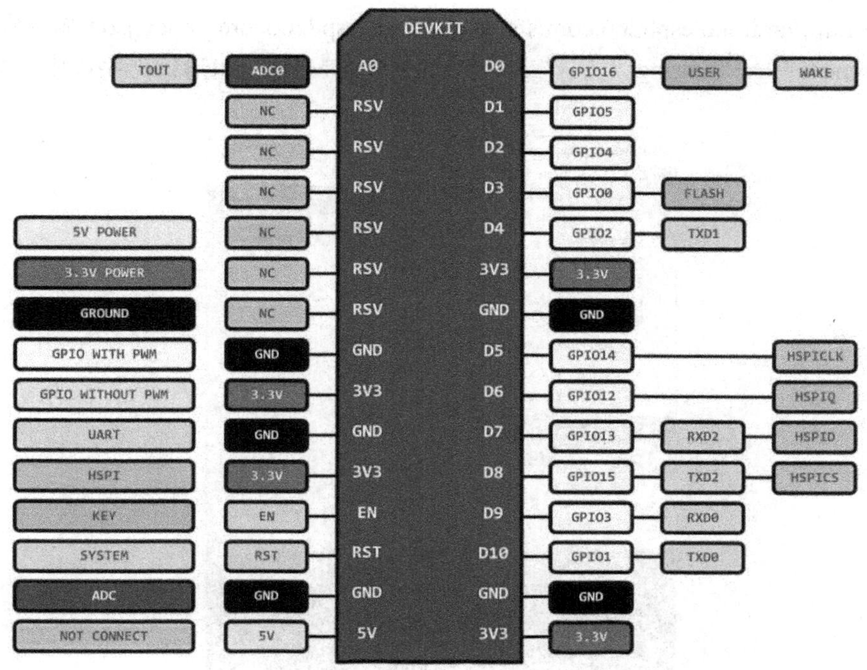

图 5-24　NodeMCU 管脚定义

其中：

D0(GPIO16)：只能用作 GPIO 读/写，不支持中断，不支持 PWM / IIC /OW。

Micro USB 端口：用于上传程序和更新固件，还可以为电池充电。

Reset 按钮：用于复位。

Flash 按钮：用于更新固件。

2. 用 Arduino IDE 开发 NodeMCU 例程

NodeMCU 采用 Lua 进行预编程，但一般不使用它而是选择使用 Arduino IDE，这可能是 Arduino 爱好者熟悉 IoT 技术的一个很好的起点。注意，当使用带有 Arduino IDE 的 NodeMCU 板时，它将直接写入固件而擦除 NodeMCU 固件。因此，如果想回到 Lua SDK，应使用“flasher”重新安装固件。

NodeMCU 编程像 Arduino 一样简单，主要区别在于 NodeMCU 板中的管脚分布。使用 NodeMCU&Arduino IDE 的操作步骤如下：

(1) 将 NodeMCU 连接到计算机。使用 USB 电缆将 NodeMCU 连接到计算机，通电时会看到蓝色的板载 LED 闪烁，但不会保持点亮状态。

(2) 安装 COM /串口驱动程序。为了将代码上传到 ESP8266 并使用串口控制器，可将 Micro USB 电缆连接至 ESP8266 IoT Board，将另一端连接至电脑的 USB 端口。新版本 NodeMCUv1.0 随附 CP2102 串行芯片，可以下载并安装驱动程序；NodeMCUv0.9 自带 CH340 串行芯片，也可以下载并安装驱动程序。

(3) 安装 Arduino IDE 1.6.4 或更高版本。从 Arduino.cc 下载 Arduino IDE(1.6.4 或更高版本，不要使用 1.6.2)。

(4) 安装 ESP8266 板组件。

① 将 http://arduino.esp8266.com/stable/package_esp8266com_index.json 输入到“File”→“Perferences”→“Settings”的“Additional Board Manager URLs”字段中，如图 5-25 所示。

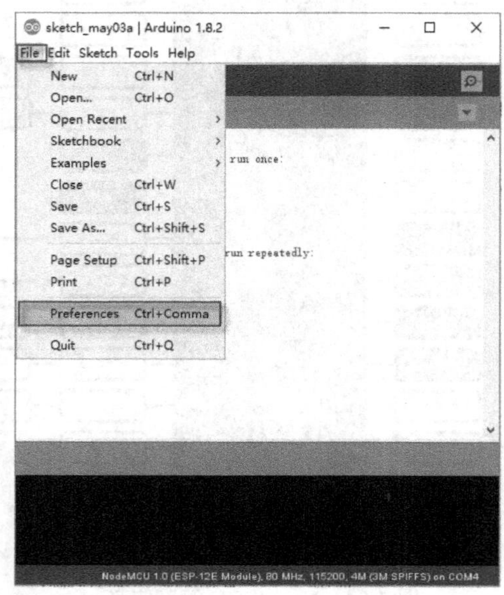

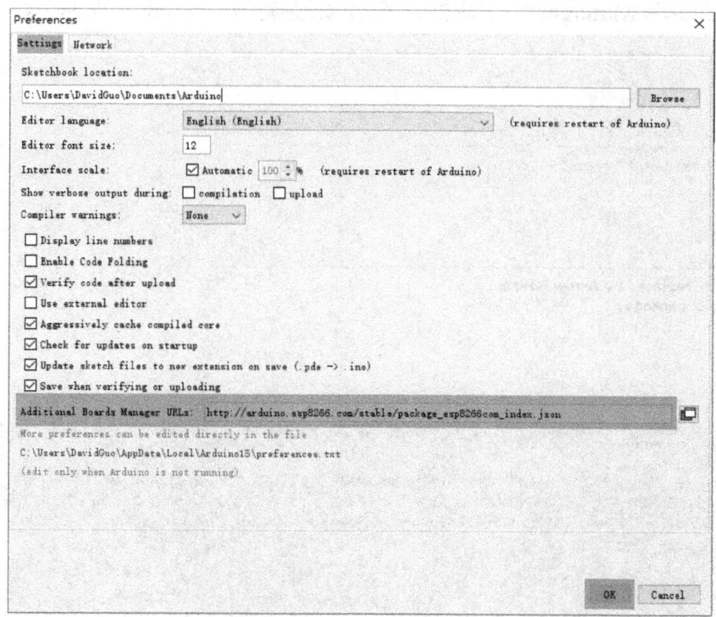

图 5-25　安装组件

② 使用 Board Manager 安装 ESP8266，如图 5-26 所示。

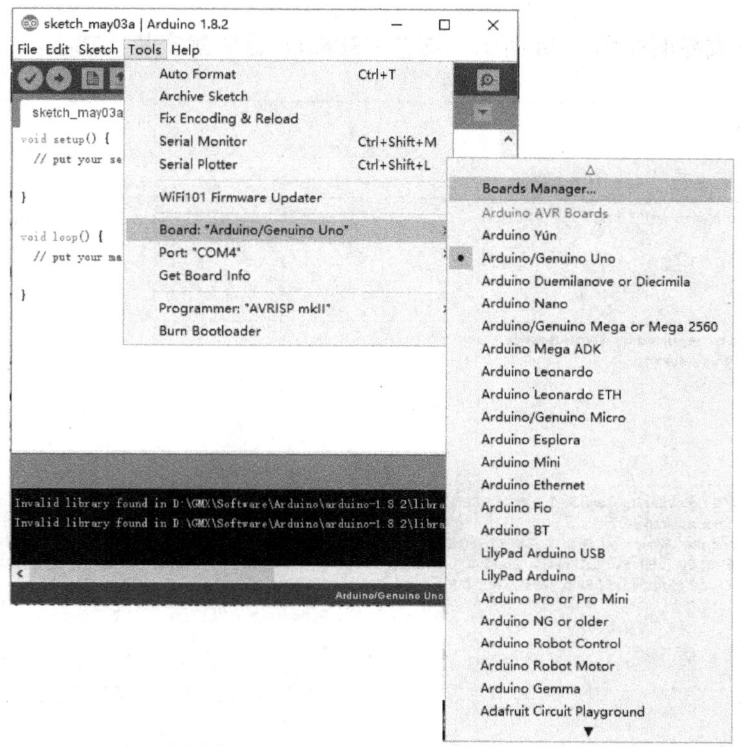

图 5-26　安装 ESP8266

③ 打开“Boards Manager”对话框，选择安装类型，如图 5-27 所示。

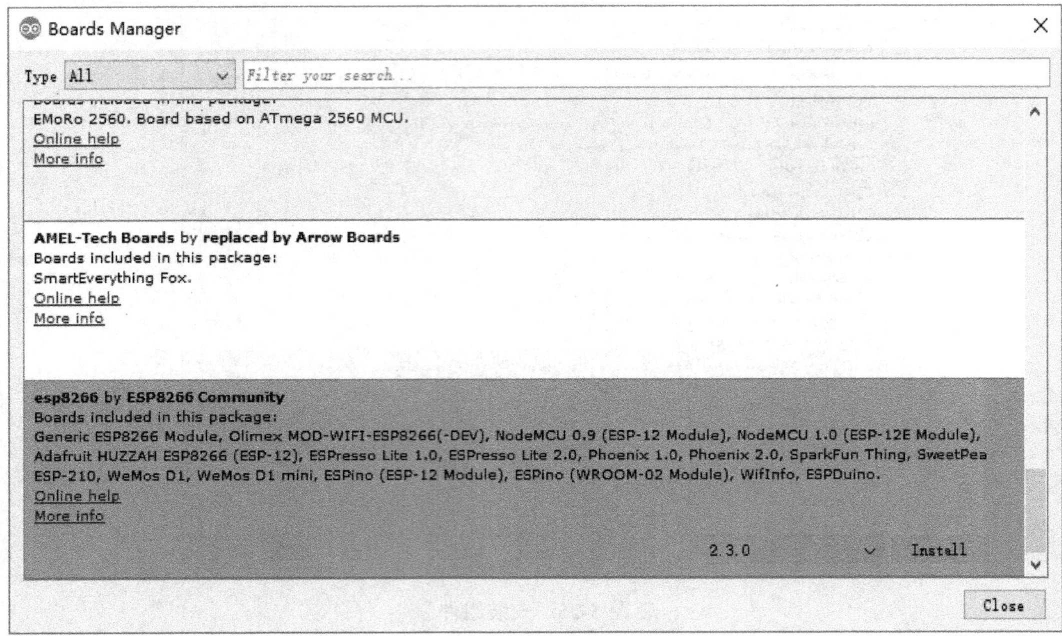

图 5-27　选择安装类型

④ 安装完成界面如图 5-28 所示。这样 ESP8266 组件就安装成功了。

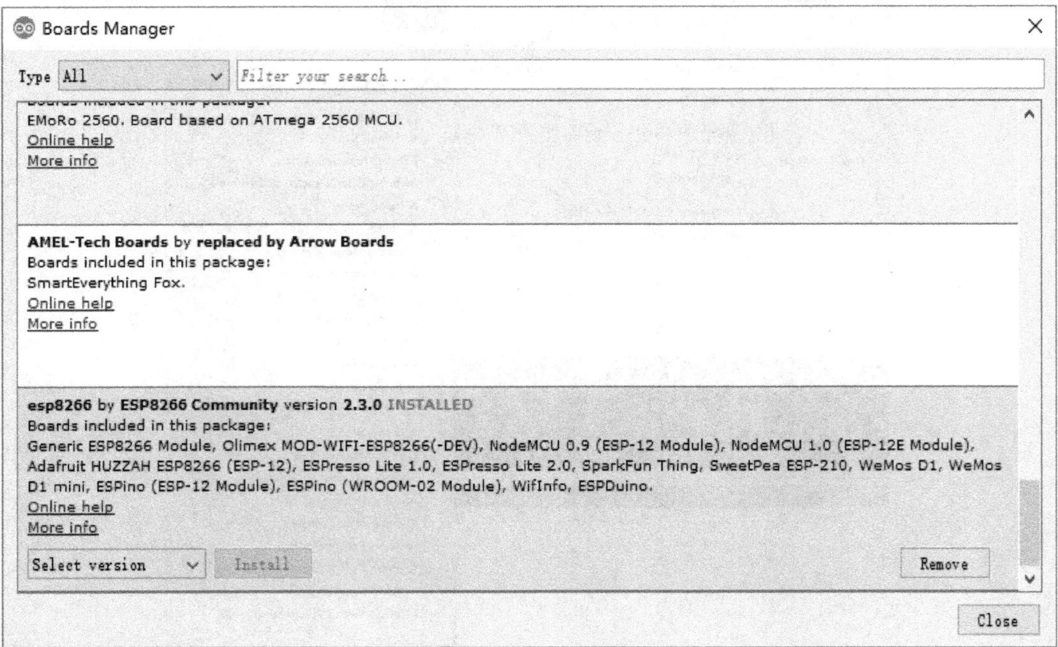

图 5-28　安装完成界面

(5) 关闭 Arduino IDE，然后重新启动，设置 ESP8266 环境，如图 5-29 所示。

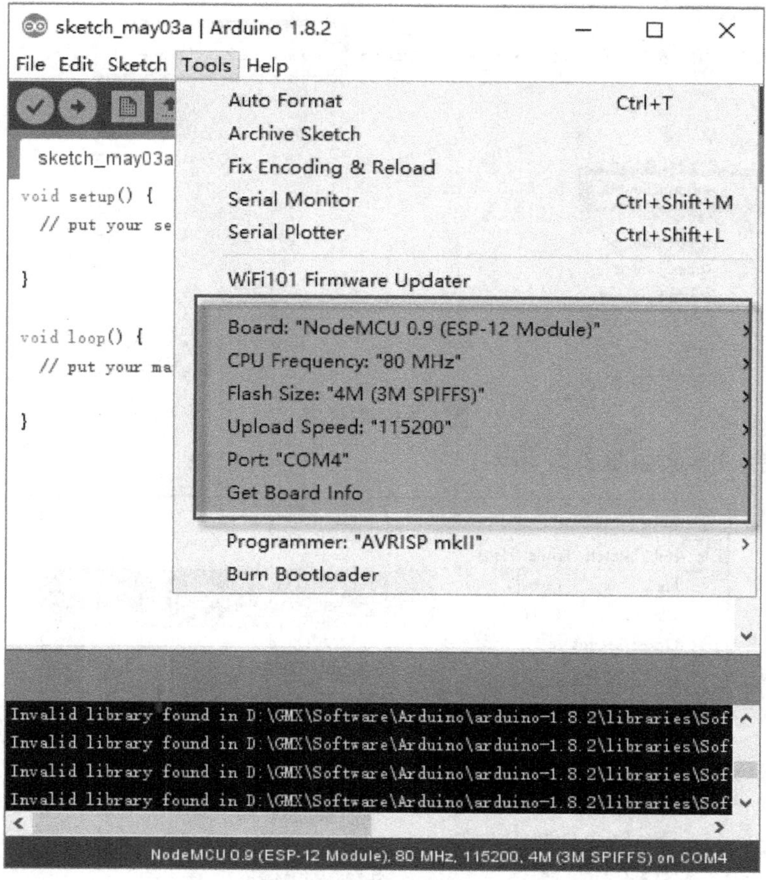

图 5-29　设置 ESP8266 环境

重新启动 IDE 后，可以在“Tools”菜单下找到板子类型 NodeMCU0.9，配置正确的 CPU 参数和端口后，就可以开始 Arduino IDE 和 NodeMCU 例程了。

5.6 MQTT 协　议

本节将介绍在 NodeMCU 板上使用 MQTT 协议，具体是使用 MQTTBox 作为 MQTT 客户端。

我们将使用 NodeMCU 完成以下操作：每 2 s 发布一个“outTopic”主题“hello world”；订阅主题“inTopic”，打印收到的任何消息。假定收到的有效字符是字符串而不是二进制文件。如果订阅消息为“1”，则点亮板载 LED；如果订阅消息为“0”，则关闭板载 LED。通过 USB 电缆将 NodeMCU 连接到 PC，具体操作步骤如下：

(1) 安装 MQTT 库(PubSubClient)，然后与 MQTT 代理服务器进行通信，下载链接为：http://osoyoo.com/wp-content/uploads/samplecode/pubsubclient.zip。解压缩下载的文件，安装到 Arduino IDE 库文件中，如图 5-30 所示。

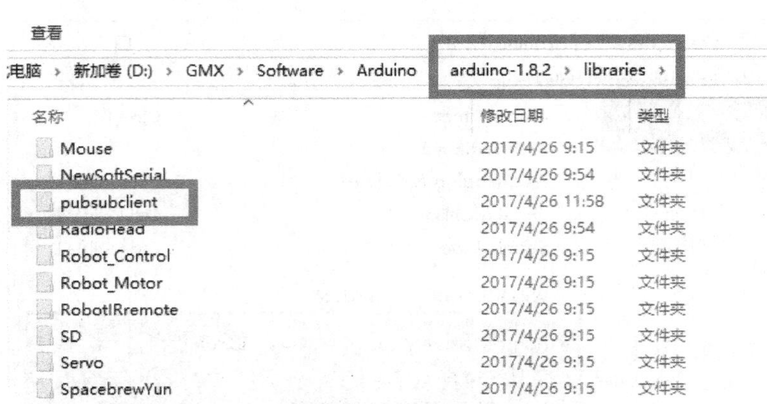

图 5-30　加载库

(2) 安装完成界面如图 5-31 所示。

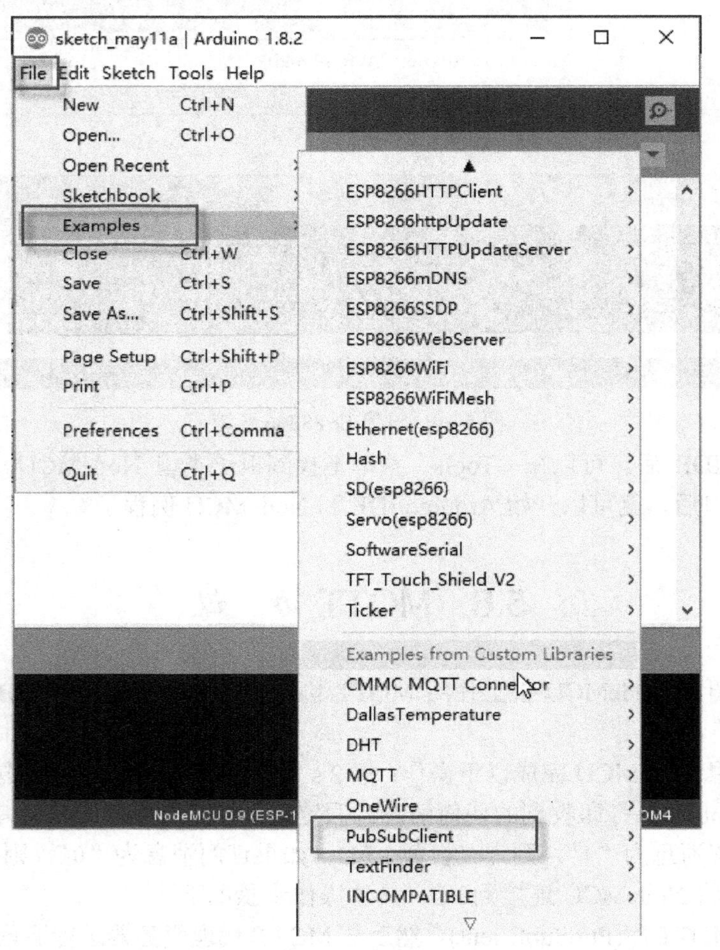

图 5-31　MQTT 库安装完成界面

(3) 安装 MQTTBox 作为 MQTT 客户端，安装完成界面如图 5-32 所示。

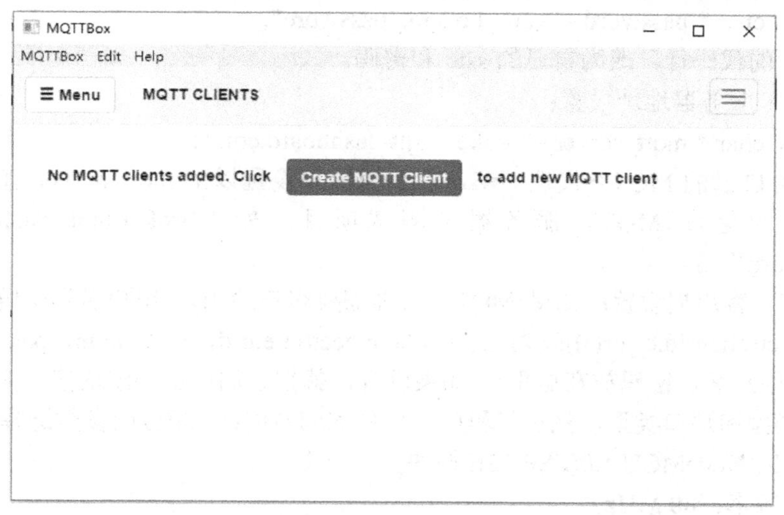

图 5-32　MQTTBox 安装完成界面

(4) 完成上面的操作后，打开 Arduino IDE，选择“File”→“Example”→“PubSubClient”→“mqtt_ esp8266”，如图 5-33 所示。

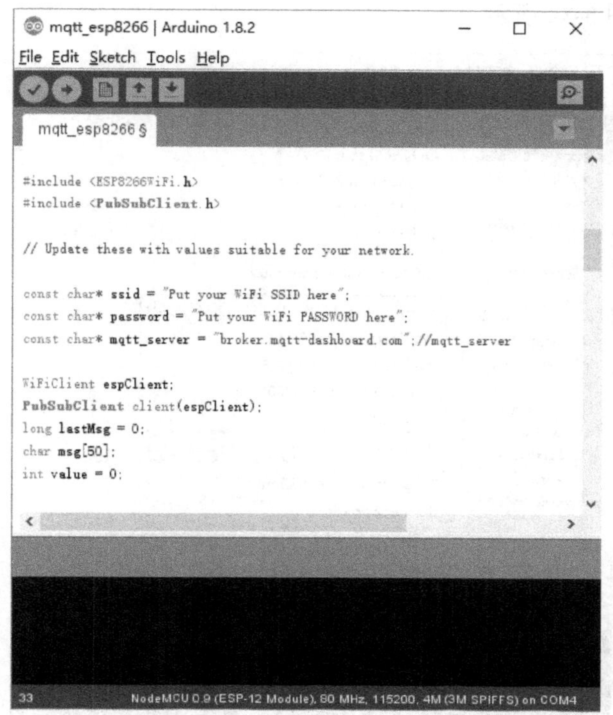

图 5-33　打开文件

(5) 可以修改代码以适应自己的 WiFi 和 MQTT 设置，具体操作步骤如下：

① 热点配置：

```
const char * ssid ="your_hotspot_ssid";
```

const char * password ="your_hotspot_password";

找到上面的代码行，改为自己的 ssid 和密码。

② MQTT 服务器地址设置：

const char * mqtt_server ="broker.mqtt-dashboard.com";

可以使用自己的 MQTT 代理 URL 或 IP 地址来设置以上 mqtt_server 值，还可以使用一些著名的免费 MQTT 服务器来测试项目，如“broker.mqtt-dashboard.com”“iot.eclipse.org”等。

③ MQTT 客户端设置：如果 MQTT 代理需要客户端 ID、用户名和密码认证，则将 if(client.connect(clientId.c_str()))改为 if(client.connect(clientId，userName，passWord))(将你的用户 ID、用户名、密码放在这里)。如果没有，就把它们保留为默认值。完成后，选择相应的板卡类型和端口类型，然后将程序上传到 NodeMCU。相应的参数选择如下：

- Board：NodeMCU 1.0(ESP-12E 模块)。
- CPU 频率：80 MHz。
- 闪存大小：4 MB(3 M SPIFFS)。
- 上传速度：115 200 b/s。
- 端口：为 NodeMCU 选择适合的串行端口。

配置参数，如图 5-34 所示。

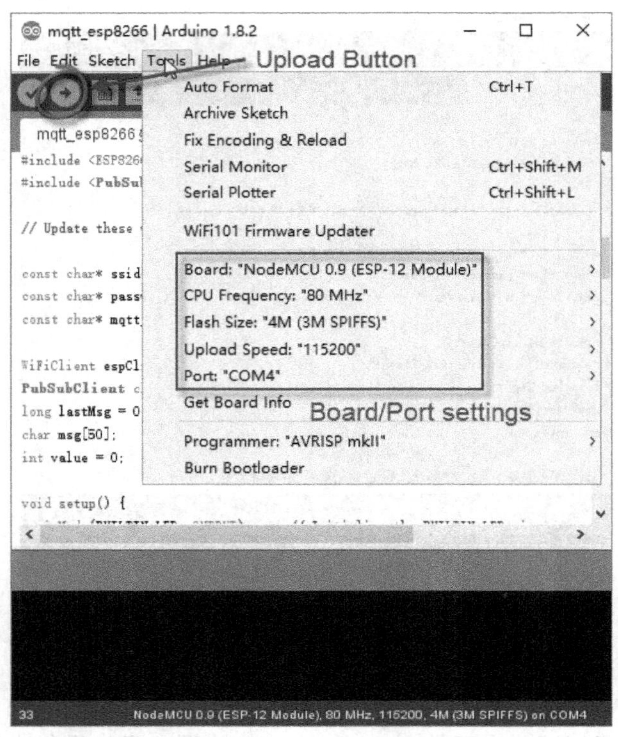

图 5-34　配置参数

(6) 打开 MQTTBox 并单击“Create MQTT Client”按钮添加一个新的 MQTT 客户端，如图 5-35 所示。

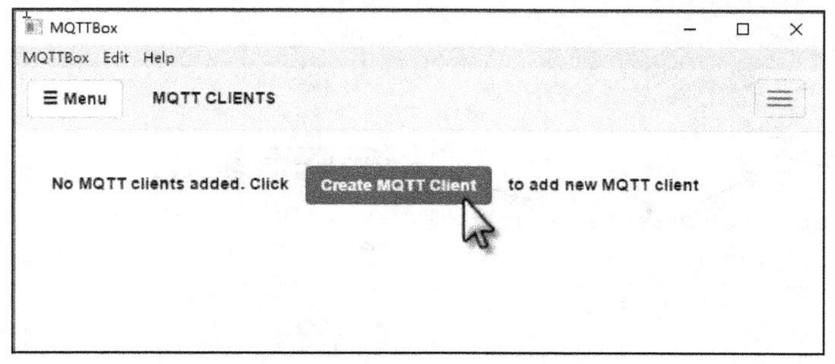

图 5-35　添加 MQTTBox 客户端

(7) 配置参数，如图 5-36 所示。

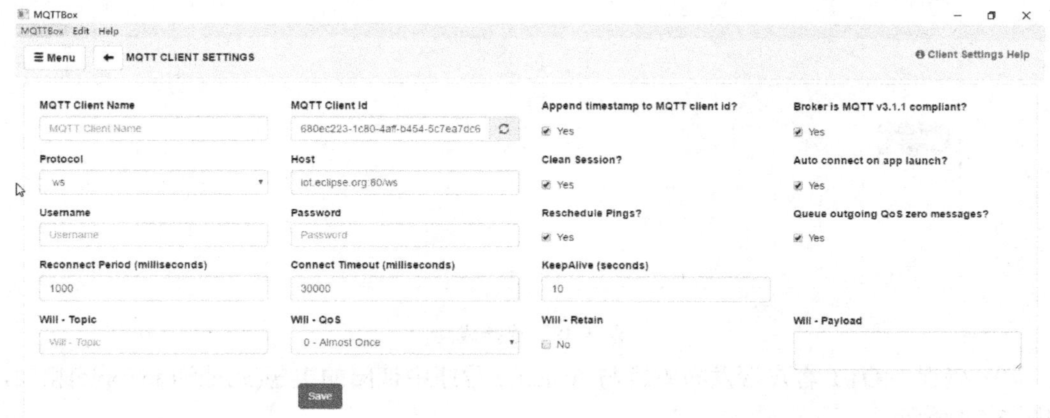

图 5-36　配置参数

(8) 修改参数配置，如图 5-37 所示。点击“Save”按钮保存所做的设置。如果以上配置都正确，则“Not-connected”将更改为“Connected”，那么 MQTT 客户端名称和主机名将显示在此页面顶部，如图 5-38 所示。

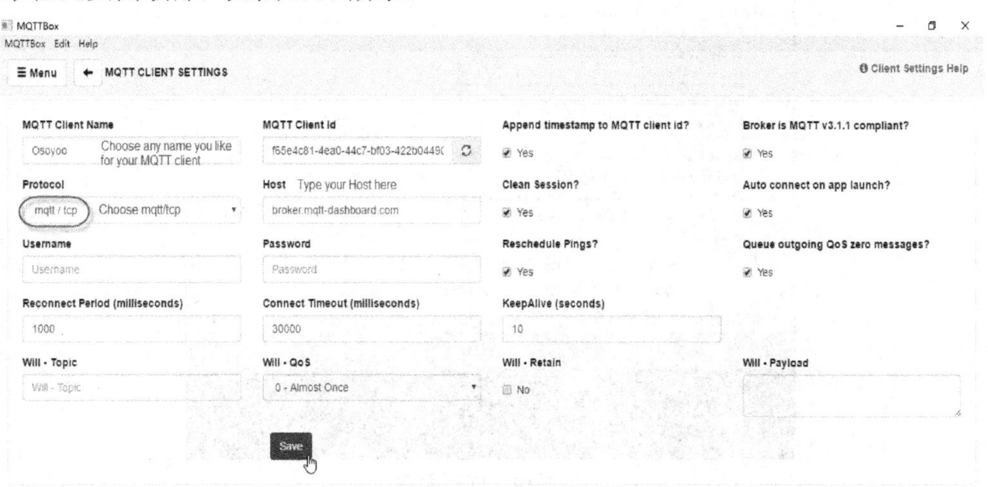

图 5-37　修改参数配置

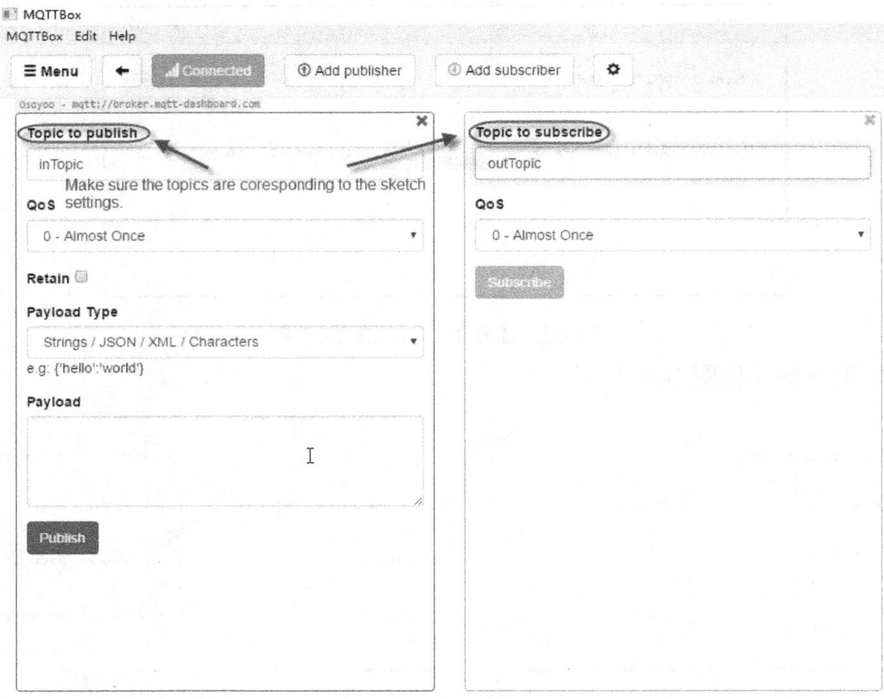

图 5-38　连接成功

(9) 确保 MQTT 客户端发布主题与 Arduino 程序中订阅的主题(此处为 inTopic)相同，如图 5-39 所示。

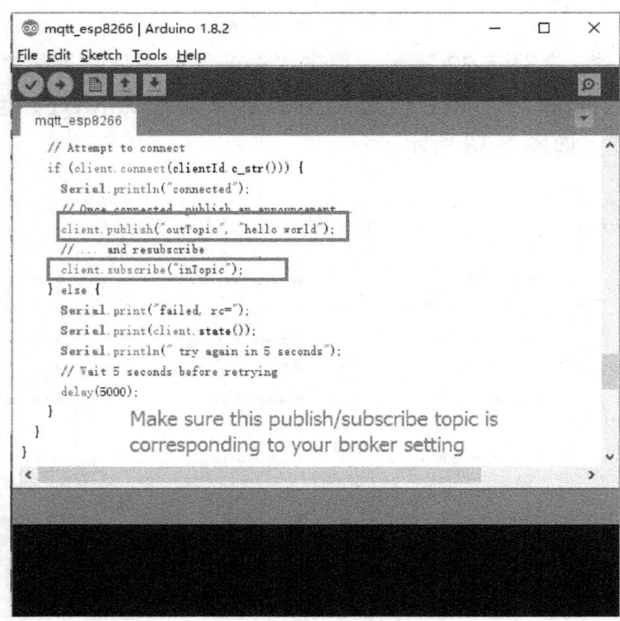

图 5-39　订阅主题

(10) 确保 MQTT 客户端订阅主题与 Arduino 程序中发布主题相同(此处为 outTopic)，

如图 5-40 所示。

```
mqtt_esp8266

  if (!client.connected()) {
    reconnect();
  }
  client.loop();

  long now = millis();
  if (now - lastMsg > 2000) {
    lastMsg = now;
    ++value;
    snprintf (msg, 75, "hello world #%ld", value);
    Serial.print("Publish message: ");
    Serial.println(msg);
    client.publish("outTopic", msg);
  }
}
```

图 5-40　发布主题

(11) 完成程序上传后，如果 WiFi 热点名称和密码设置正确，并且 MQTT 代理服务器已连接，则打开串行监视器，可以看到如图 5-41 所示的结果。

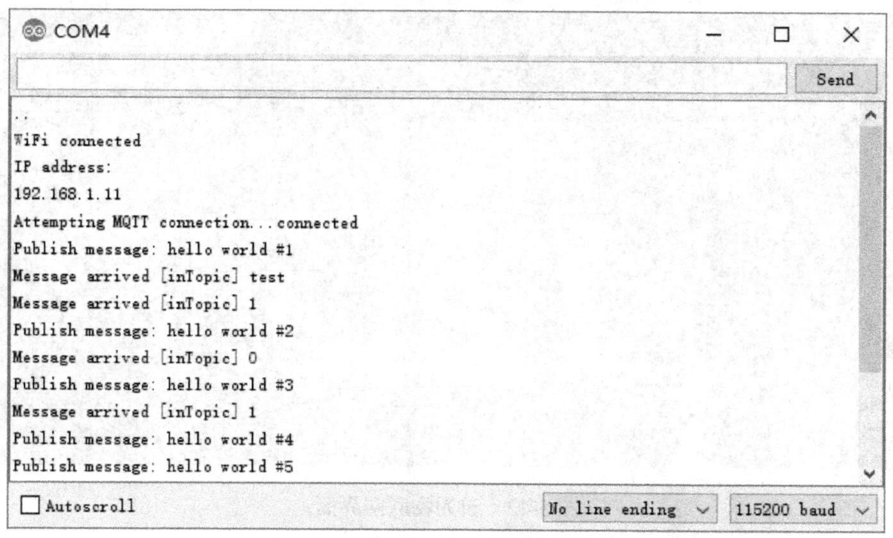

图 5-41　完成结果

(12) 在串行监视器上可以看到发布消息“hello world”，然后打开 MQTT 客户端并向主题发布“1”，该 NodeMCU 将通过订阅“inTopic”来接收这些消息，并且 LED 会亮起；将“0”发布到该主题，NodeMCU LED 将熄灭。

5.7　乐为物联

乐为物联隶属北京乐为物联科技有限责任公司，为用户提供了一个迅速实现物联网应用的平台。无须烦琐的编程和开发，就可以将测量设备或传感器连接到乐为物联网应用平台上，并在该平台上存储、查询和分析测量数据。另外，还可以在这个平台上公开自己的测量设备，与别人做技术交流。可以说乐为物联开放平台也是一个技术交流和广告展示的平台。

乐为物联通过开放的 API 可以轻松地将各类传感器、测量设备或工业仪器仪表接入该平台，并可以通过开发应用来监管和控制它们。平台提供传感器云服务，可以将各类测量或控制设备实现网络功能，快速开启物联网应用。而工业仪器仪表的无缝接入和强大的数据存储、查询和分析能力可以帮助一些传统行业快速部署自己的物联网应用平台，实现传统企业向物联网企业转型。乐为物联的主要功能有个人门户功能、数据存储和分析、工业仪表无缝接入和手机 APP 功能。

乐为物联网架构分为三层，即“云端服务器→设备→传感器与控制器”的架构。“传感器与控制器”是指可以采集、测量数据或者可以被控制的设备或仪器；“设备”的作用是将设备采集的数据发送到云端服务器上或者将控制数据返回给设备，“设备”前端能够与测量设备进行通信(如 RS232 接口、RS485 接口)，后端需要具备网络功能(如 GPRS、WiFi 和以太网功能)；“云端服务器”上部署了数据存储、分析等的数据库，最后用户通过客户端(电脑、手机)等可以以浏览器的形式访问数据库，这样就可以实现丰富多样的基于数据的应用。乐为物联网界面如图 5-42 所示。

图 5-42　乐为物联网界面

5.7.1　如何添加设备

在乐为物联网实现各类物联网应用，与你的传感器与控制器进行交互的第一步是在乐为物联网建立起你的设备。

添加设备前需要先登录进入乐为物联，如果没有账号，则需要注册。在乐为物联首页的右上角点击“注册”按钮便可以注册账号了，需要输入用户的常用邮箱，因为账号需要在邮箱里进行激活。使用注册的用户名、密码进行登录，进入系统，在管理菜单的“我的物联”菜单中可以增加你的设备、传感器与控制器。乐为物联网注册界面如图 5-43 所示。

图 5-43　乐为物联网注册界面

如图 5-44 所示，通过单击“我的设备”选择编辑已有的默认设备，或者选择“添加新设备”，填写相关信息后，单击“保存”按钮即可。

图 5-44　添加设备

5.7.2　添加传感器和控制器

添加设备之后，需要添加设备下面的传感器与控制器。单击“传感器与控制器”，可以分别添加传感器与控制器，如图 5-45 所示。

图 5-45　添加传感器和控制器

1. 添加传感器

在图 5-45 中单击“传感器与控制器”，在“传感器列表”中单击右边的“新建”，在“添加传感器”页面中填写相关信息后，单击“保存”按钮即可添加传感器，如图 5-46 所示。

图 5-46　添加控制器

2. 添加控制器

按照添加传感器的步骤来添加控制器，如图 5-47 所示。

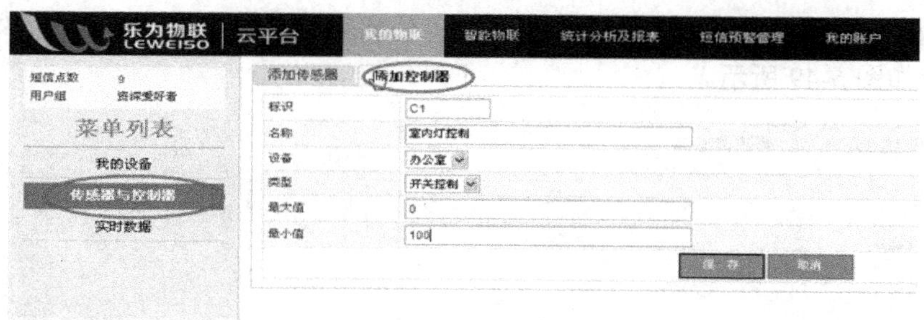

图 5-47 添加控制器

3. 添加其他功能

其他功能，如模拟数据上传、模拟微信报警、邮件和短信报警等功能的添加可参考乐为物联平台说明书。

5.8 利用乐为物联网平台实现传感器数据上传

使用 Arduino 和 W5100 扩展板来实现将几类传感器的测量数据发布到乐为物联网上进行远程实时查看，查看方式包括在乐联网网页上查看和通过手机 APP 查看。利用乐为物联网实现传感器数据上传的操作步骤如下：

(1) 登录乐为物联网 http://www.lewei50.com/home/register 注册一个账号，把自己的用户名记下来，后面的程序中会用到。

(2) 进入乐为物联网的后台，在“我的物联”→“我的设备”中新建一个设备，当然也可以用默认设备，记住其标志，如图 5-48 所示。

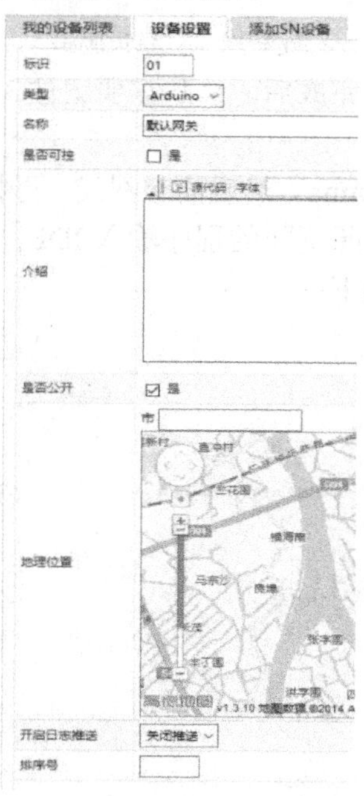

图 5-48 新建设备

(3) 在乐为物联网后台的“我的物联”→“传感器与控制器”中新建一个传感器，记住其标志，如图 5-49 所示。

传感器列表　修改传感器

标识	lm35
类型	温度监控
单位	℃
设备	默认网关
名称	lm35
数值转换	系数: 偏移: 最终保存数值=上传数值*系数+偏移（如果不需要设置请保留空白）
图片	浏览... 未选择文件。 150*150
正常值范围	-
超过范围报警	关闭
发送间隔	30 S (仅作为判断传感器是否在线的衡量标准)
介绍	
发送超时报警	□ 开启
自动发微博	□ 开启 绑定微博账户
排序号	同设备按数字大小排序，不同设备按设备排序号优先排序

图 5-49　新建传感器

乐为物联网的准备工作已经完成后，总共需要记住 3 个标志：用户名、设备标志和传感器标志。

(4) 把 W5100 直接插上 Arduino，然后插上网线，再将温度传感器 LM35 直接连接 A0 口，这样硬件就准备完毕了。按照下面的程序输入 IDE，编译并上传，就可以看到网页上的温度数据了。上传数据程序如下：

```
#include <LeweiClient.h>
#include <SPI.h>
#include <Ethernet.h>
#define LW_USERKEY "********************"          //这里用自己的用户名代替
#define LW_GATEWAY "02"
#define POST_INTERVAL (30*1000)                     //定义数据更新的时间间隔
LeWeiClient *lwc;
void setup()
{  //启动串口
   Serial.begin(9600);
```

```
    lwc = new LeWeiClient("************", "02");         //这里用自己的用户名代替
}
void loop()
{   //读取模拟数据
    int sensorReading = analogRead(A0)*0.4882;
    Serial.println(sensorReading);
    if (lwc)
    {
        Serial.print("*** start data collection ");
        //必须使用服务器上的设置
        lwc->append("lm35", sensorReading);
        Serial.print("*** data send ***");
        lwc->send();
        //Grammar changed by Wei&Anonymous; )
        Serial.print("*** send completed ***");
        delay(POST_INTERVAL);
    }
}
```

第六章　Arduino 项目实战

在本章中，我们将使用 NodeMCU 制作物联网浇水/洒水系统，可通过网络浏览器或 APP 远程控制。我们将使用 MQTT 协议从连接到螺线管的 NodeMCU 芯片发送和获取数据。浏览器或移动 APP 将控制信号发送到浇水系统的开/关电磁阀，并通过互联网监控电磁阀的开/关状态。

本章学习目标

➢ NodeMCU 洒水系统。

6.1　NodeMCU 制作洒水系统

6.1.1　硬件连接

在制作该系统前，需要准备的硬件如表 6-1 所示。

表 6-1　所需硬件

序号	型　号	数　量
1	NodeMCU	1
2	继电器	1
3	电磁阀	1
4	LED(红色)	2
5	200 Ω 电阻	2
6	12 V DC 适配器	1
7	Micro USB 线	1
8	面包板	1
9	花园软管到电磁阀软管接头	2

按照硬件连接图安装所需的硬件，如图 6-1 所示。

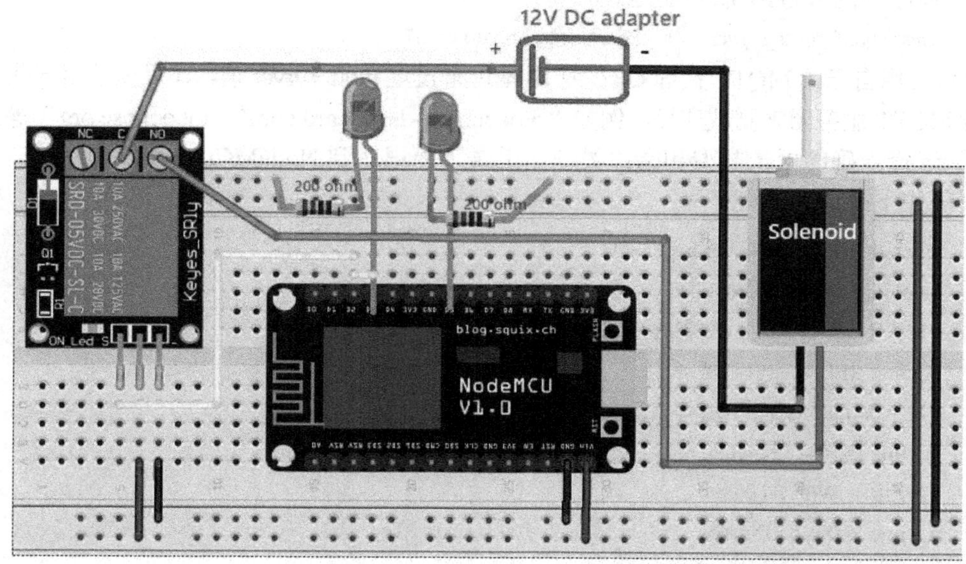

图 6-1　硬件连接图

6.1.2　软件安装与程序编写

制作此系统所需要的软件有：Arduino IDE(版本 1.6.4+)、ESP8266 板卡封装和串行端口驱动器、MQTT 客户端(这里是 MQTTBox)和 Arduino 库(PubSubClient)。安装软件的操作步骤如下：

(1) 安装 Arduino IDE 和 ESP8266 包。

读者可按照本书前面章节的介绍进行安装，如果已安装这两个软件，可跳过此步骤。

(2) 安装 MQTT、PubSubClient 库。

读者可按照本书前面章节的介绍进行安装，如果自己的 Arduino IDE 已安装此库，可跳过此步骤。

(3) 下载并上传程序。

① 更改程序中的本地 WiFi 配置代码：

```
const char * ssid = "你的 WiFi 名称";
const char * password = "你的 WiFi 密码";
```

使用自己的 ssid 和密码更新上面的代码行。

② 更改程序中的 clientId 和 MQTT 主题设置：

```
string clientId = "你的用户名";
char * mqtt_topic = "你的主题";
```

应使 mqtt_topic 和 clientId 尽可能唯一，否则其他人可能会控制你的物联网设备。如果 MQTT 代理需要用户名和密码身份验证，则需要将如下程序：if(client.connect(clientId.c_str())) 改为 if(client.connect(clientId, userName, passWord))(将你的用户 ID /用户名/密码放在这里)。如果没有，请将它们保留为默认值。

③ 程序中的 MQTT 服务器地址设置：

```
const char * mqtt_server = "broker.mqttdashboard.com";
```

可以使用自己的 MQTT 代理 URL 或 IP 地址来设置 mqtt_server 值，还可以使用一些著名的免费 MQTT 服务器来测试项目，例如“broker.mqtt-dashboard.com”“iot.eclipse.org”等。

④ 选择正确的板子类型和端口类型，上传下面程序到 NodeMCU。

程序如下：

```
#include <ESP8266WiFi.h>
#include <PubSubClient.h>
//定义 NodeMCU 的 D2 脚连接到继电器 S 端
#define RELAY_PIN D2
//定义 NodeMCU 的 D3 脚读继电器 S 端的数据
#define INPUT_PIN D3
//D4 指示 WiFi 的状态
#define WIFI_LED D4
//D5 指示 MQTT 服务器连接的状态
#define MQTT_LED D5

//根据你所用的网络更新下面的数据
const char* ssid = "你的 WiFi 热点名称";
const char* password = "你的 WiFi 密码";

//更新你的用户 ID
String clientId = "your_unique_clientid";

//更新你的 MQTT 主题
char* mqtt_topic="your_unique_topic";
/*可以改变你的 MQTT 服务器到其他免费的 MQTT 服务器，例如
"test.mosca.io"，"broker.mqtt-dashboard.com"，"iot.eclipse.org" etc
*/
const char* mqtt_server = "broker.mqttdashboard.com";

WiFiClient espClient;
PubSubClient client(espClient);
long lastMsg = 0;
char msg[50];
int value = 0;

void setup_wifi()
```

```
{
    delay(100);
    digitalWrite(WiFi_LED, LOW);                //关闭 WiFi 灯
    //开始连接 WiFi 网络
    Serial.print("Connecting to ");
    Serial.println(ssid);
    WiFi.begin(ssid, password);
    while (WiFi.status() != WL_CONNECTED)
    {
        delay(500);
        Serial.print(".");
    }
    randomSeed(micros());
    Serial.println("");
    Serial.println("WiFi connected");
    Serial.println("IP address：");
    digitalWrite(WiFi_LED, HIGH);               //如果 WiFi 连上，打开 WiFi 灯
    Serial.println(WiFi.localIP());
}

void callback(char* topic, byte* payload, unsigned int length)
{
    Serial.print("Command from MQTT broker is：[");
    Serial.print(topic);
    char p =(char)payload[0];
    //如果 MQTT 发送 0，则关闭继电器，从而关闭阀门
    if(p=='0')
    {
        digitalWrite(RELAY_PIN, LOW);
        Serial.println(" Turn Off Solenoid ! " );
    }
    //如果 MQTT 发送 1，则打开继电器，从而打开阀门
    if(p=='1')
    {
        digitalWrite(RELAY_PIN, HIGH);
        Serial.println(" Turn On Solenoid! " );
    }
    if(p=='Q' || p=='q' )
    {
```

```
        value= digitalRead(INPUT_PIN);
        if (value==1)
        {
            client.publish(mqtt_topic, "hose is watering" );
        } else {
            client.publish(mqtt_topic, "hose is shut off" );
        }
    }
    Serial.println();
}
void reconnect()
{   // Loop until we're reconnected
    while (!client.connected())
    {   digitalWrite(MQTT_LED, LOW);          //关闭 MQTT 灯
        Serial.print("Attempting MQTT connection...");
        //产生一个随机的用户名
        //尝试连接
        /*如果你的 MQTT 代理有用户 ID、用户名和密码，则改变如下设置：
        if (client.connect(clientId, userName, passWord))
*/
        if (client.connect(clientId.c_str()))
        {
            digitalWrite(MQTT_LED, HIGH);   //如果 MQTT 连接上，则打开 MQTT_LED
            Serial.println("connected");
              client.subscribe(mqtt_topic);
        } else
        {
            Serial.print("failed, rc=");
            Serial.print(client.state());
            Serial.println(" try again in 5 seconds");
            //在重试之前等待 6 s
            delay(6000);
        }
    }
} //结束 reconnect()

void setup()
{
    Serial.begin(115200);
```

```
    setup_wifi();
    client.setServer(mqtt_server, 1883);
    client.setCallback(callback);
    pinMode(RELAY_PIN, OUTPUT);
    pinMode(WIFI_LED, OUTPUT);
    pinMode(MQTT_LED, OUTPUT);
    pinMode(INPUT_PIN, INPUT);
}

void loop()
{
    if (!client.connected())
    {
        reconnect();
    }
    client.loop();
}
```

6.1.3　实物调试与结果

连接的实物图如图 6-2 所示。

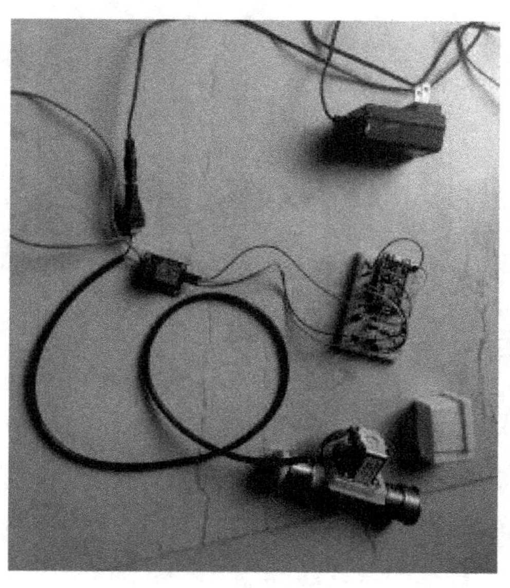

图 6-2　洒水系统实物图

上传完成后，如果 WiFi 热点 ssid 和密码设置正确且互联网工作正常，则 D4 管脚中的 LED 将亮起。连接 MQTT 服务器后，D5 管脚中的 LED 将亮起。如果在 Arduino IDE 中打开串行监视器窗口，将会显示如图 6-3 所示的结果。

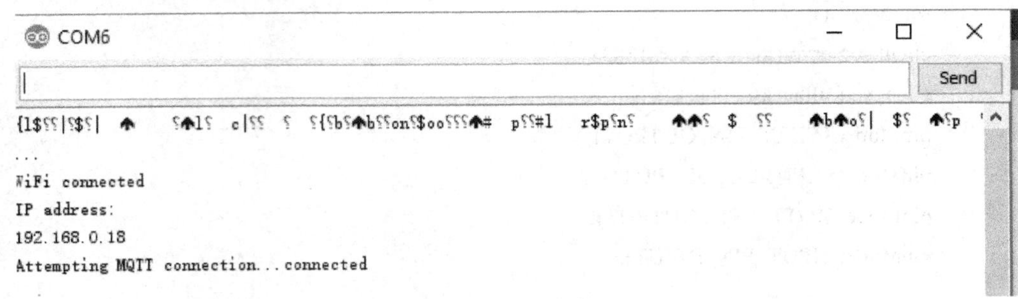

图 6-3　运行结果

如果 D4 中的 LED 熄灭，则表示 WiFi 连接有问题，需要在代码中仔细检查 WiFi 热点名称和密码。如果 D5 中的 LED 熄灭，则表示 MQTT 连接有问题，需要检查 MQTT 服务器主机设置是否正确。

为了控制远程电磁阀，我们应该定义三种类型的 MQTT 消息来控制阀门动作：当 NodeMCU 收到消息“1”时，它将打开电磁阀；当 NodeMCU 收到消息“0”时，它将关闭电磁阀；当 NodeMCU 收到消息“q”时，它将发布电磁阀状态如下：如果电磁阀是 ON，则向 MQTT 代理发布“软管正在浇水”，如果电磁阀关闭，则向 MQTT 代理发布“软管关闭”。我们可以使用任何 MQTT 客户端软件将上述 MQTT 消息发送到 MQTT 服务器上。在本例中，我们使用第五章中提到的 CayenneMQTT 库中的“iot mqtt dashboard”，android app 作为 MQTT 客户端，这是一个很好的应用程序，读者可以自行去进行设置。

参 考 文 献

[1] MASSIMO B. 爱上 Arduino.[M]. 于欣龙，郭浩赟，译. 北京：人民邮电出版社，2011.
[2] 陈吕洲. Arduino 程序设计基础[M]. 北京：北京航空航天出版社，2014.
[3] 宋楠，韩广义. Arduino 开发从零开始学[M]. 北京：清华大学出版社，2014.
[4] 孙骏荣，吴明展，卢聪勇. Arduino 一试就上手[M]. 北京：科学出版社，2012.
[5] 李明亮. Arduino 项目 DIY[M]. 北京：清华大学出版社，2015.
[6] Arduino 官方网站：http://www.arduino.cc/.
[7] Arduino 中文社区：http://www.arduino.cn/.
[8] 谭浩强. C 程序设计[M]. 3 版. 北京：清华大学出版社，1999.
[9] FALUDI R. Arduino 无线传感器网络实践指南[M]. 沈鑫，等译. 北京：机械工业出版社，2013.